Bärbel Oftring & Petra Wolf

Vogelfutterpflanzen aus Natur und Garten

Beliebte Futterpflanzen für Ziervögel und Ziergeflügel:

Anbau, Ernte, Eignung, Wirkung

Gefiederte Welt

ARNDT-VERLAG
WIR LIEBEN VÖGEL!

Inhaltsverzeichnis

Einleitung 4

Grundsätzliches zum Buch, Anbauen im Garten 4
Ernährungsphysiologische Aspekte 8

Büsche & Bäume 10

Ahorn 12
Brombeerblätter 14
Eberesche 16
Fichte 18
Hainbuche 20
Hartriegel 22
Kiefer 24
Liguster 26
Maulbeere 28
Mandeln 30
Rosmarin 32
Sanddorn 34
Vogelkirsche 35
Weide 38
Weinrebe 40
Weißdorn 42
Wildrosen 44

Blumen, Gräser & Kräuter 46

Ampfer 48
Baldrian 50
Basilikum 52
Brennnessel 54
Gänseblümchen 57
Gänsefuß 60
Getreide: Hafer, Hirse & Co. 62
Gräser 64
Hirtentäschel 68
Huflattich 70
Klee 72
Knöterich 74
Kohl-Gänsedistel 76
Kressen 78
Lavendel 80
Löwenzahn 82
Mädesüß 84
Wilde Malve 86
Margerite 88
Melde 90
Minze 92
Nachtkerze 94
Petersilie 96
Ringelblume 98
Schafgarbe 100
Schönpolster (Golliwoog ©) 102
Sonnenblume 104
Steinklee 106
Stiefmütterchen 108
Thymian 110
Topinambur 112
Vogelmiere 114
Vogelwicke 116
Wasserlinse 118
Wegerich 120
Wegwarte 122
Wiesen-Bocksbart 124
Wiesen-Salbei 126

Nährwerttabelle 128
Giftige Pflanzen in Garten und Natur 130
Impressum 135
Bildnachweise 136
Register 139
Für Ihre Notizen 140

Vogelfutterpflanzen in Natur und Garten

In diesem Buch finden Sie eine Auswahl an Vogelfutterpflanzen – Kräuter, Gehölze und Wildpflanzen –, die Sie in der Natur sammeln oder in Ihrem Garten, ja sogar auf Balkon und Terrasse in Pflanzgefäßen selbst anbauen können. Dieses Buch erhebt keinen Anspruch auf Vollständigkeit, es bietet Ihnen mehr oder weniger nur eine Auswahl an Pflanzen an, die sich als Nahrung oder gelegentlicher Leckerbissen anbieten. Alle Vögel sollten vielseitig und abwechslungsreich ernährt werden, so wie sie es in Ihrem natürlichen Lebensraum gewöhnt sind, damit sie alle benötigten Bausteine für Ihren Stoffwechsel zur Verfügung haben. Nahrungsgrundlage sind die vertrauten Samenmischungen – die in diesem Buch vorgestellten Pflanzen ergänzen den täglichen Speiseplan.

Bei jedem Pflanzenporträt finden Sie eine kleine Übersicht, die Ihnen zeigt, welchen Vögeln Sie die jeweilige Pflanze anbieten können:

- Großpapageien (Aras, Amazonen, Graupapageien, Kakadus, ...)
- Großsittiche + Kleinpapageien (Agaporniden, Nymphensittiche, Sperlingspapageien,...)
- Wellensittiche
- Kanarienvögel
- Prachtfinken
- Waldvögel + Finkenvögel
- Ziergeflügel

Großpapageien	Großsittiche + Kleinpapageien	Wellensittiche	Kanarienvögel	Prachtfinken	Waldvögel + Finkenvögel	Ziergeflügel
✓	✓	✓	✓	✓	✓	✓

Gärtnern Basics

Um Pflanzen anzubauen, brauchen Sie ein paar Dinge. Achten Sie auf stabile, robuste Werkzeuge, dann geht das Gärtnern leichter von der Hand – und Sie müssen sich nicht ärgern, weil ein ungeeignetes Werkzeug kaputt und erneut besorgt werden muss.

Für Balkon & Terrasse

+ Blumentöpfe und andere Pflanzgefäße zum Bepflanzen mit Untersetzer
+ ausreichend Blumenerde
+ evtl. Quarzsand zum Abmagern der Blumenerde
+ Gießkanne
+ Sprühflasche oder Pflanzensprüher
+ Handschaufel (Gartenkelle)
+ Gartenschere
+ alte Gabel zum Lockern der Erde
+ Garten- oder Arbeitshandschuhe als Schutz vor Dornen, Holzsplittern und Ähnlichem
+ Eimer

Für Garten & Beet

+ Gießkanne mit Brause
+ Handschaufel (Gartenkelle) für kleinere Pflanzlöcher
+ Spaten für größere Pflanzlöcher
+ Harke zum Auflockern des Bodens
+ Gartenschere zum Schneiden von Stängeln und anderen Pflanzenteilen
+ Garten- oder Arbeitshandschuhe als Schutz vor Dornen, Holzsplittern und Ähnlichem
+ Eimer

Richtig aussäen

So säen Sie gekauftes oder gesammeltes Saatgut aus: Beachten Sie die Angaben zu Dunkel- und Lichtkeimern im Buch oder auf den Samentütchen.

1. Zimmer: Anzuchtschale mit feuchter, nährstoffarmer Aussaaterde füllen und Oberfläche glattstreichen
   Garten: Erde mit der Harke feinkrümelig machen und Oberfläche glattstreichen
2. Dunkelkeimer: 1 – 2 cm tiefe Rillen in die Erde ziehen und Samen darin ausstreuen, größere Samen 1 – 2 cm tief mit dem Finger in die Erde stecken, dann Rille mit Erde zudecken
   Lichtkeimer: Samen auf die Erde streuen und höchstens ganz fein mit Sand abdecken
3. Erde vorsichtig mit Wasser besprühen, nun stets feucht (nicht nass!) halten

4. Etikett mit Pflanzenname und Aussaatdatum beschriften und zum Gesäten in die Erde stecken
5. Zimmer: Anzuchtschale mit Klarsichtdeckel oder -folie abdecken; dann an hellen Platz stellen, der nicht direkt von der Sonne beschienen wird

Tipp: Um sehr feines Saatgut gleichmäßiger aussäen zu können, wird es zur Aussaat mit der doppelten Menge an trockenem Sand gemischt.

Richtig pflanzen

So pflanzen Sie selbst vorgezogene oder gekaufte Pflanzen ins Beet oder in ein Pflanzgefäß, das Sie schon bis etwa 1 cm unter den Rand mit Blumenerde gefüllt haben.

1. Mit Handschaufel oder Spaten ein ausreichend großes Pflanzloch in die Erde graben; es muss breiter und tiefer als der Wurzelballen sein
2. Den Wurzelballen mit den Fingern auslockern und so in die Mitte des Pflanzloches stellen, dass dieser ebenerdig mit der Erdoberfläche abschließt
3. Das Pflanzloch mit Erde füllen
4. Erde mit den Händen fest um den Wurzelballen drücken, evtl. noch weitere Erde nachfüllen
5. Gut angießen, damit die Wurzeln guten Anschluss ans Erdreich bekommen

Vorbereitung Pflanzgefäß

Damit sich im Pflanzgefäß (Blumentopf, Kübel, Blumenkasten) nicht das Wasser staut, muss es unten abfließen können. Sorgen Sie für Abflusslöcher im Boden oder füllen Sie zuunterst eine 2 – 5 cm hohe Kiesschicht als Dränage in das Pflanzgefäß.

Ernährungsphysiologische Aspekte

Mit dem Angebot von Vogelfutterpflanzen auf dem Speiseplan von Ziervögeln werden verschiedene Ziele verfolgt. So soll das Nahrungsangebot im natürlichen Biotop so gut wie möglich nachgeahmt und den Vögeln ein vielfältig zusammengesetztes Menü geboten werden. Gleichzeitig dienen die Pflanzen auch der Beschäftigung mit der Futteraufnahme und beugen so einer möglichen Langeweile vor, die unter Umständen zu Verhaltungsstörungen (z.B. Federbeißen) führen kann; schließlich wird beim Benagen von Rinden bzw. der Aufnahme von Blüten, Blättern und Früchten deutlich mehr Zeit in Anspruch genommen als beim ausschließliche Verzehr von Sämereien. Ursache hierfür ist zum einen der höhere Fasergehalt der Vogelfutterpflanzen. Zum anderen enthalten viele Komponenten bis zu 80% Wasser. Dieses „verdünnt“ den Energie- und Nährstoffgehalt der Pflanzen. Zugleich verbessert es auch die Flüssigkeitsaufnahme der Tiere und sorgt somit zu einem Durchspülen der Nieren. Hinzu kommt, dass Futterpflanzen allgemein auch weniger Fett enthalten und somit energieärmer sind als Sämereien. Jeder Vogel muss demnach, um satt zu werden, größere Mengen an Pflanzen fressen; und das dauert eben seine Zeit. Damit wird aber auch deutlich, dass die Pflanzen nicht nur zur Beschäftigung dienen, sondern aufgrund des geringeren Energiegehaltes günstig für Vögel sind, die zu Übergewicht und Verfettung neigen. Während der Aufzucht der Jungvögel stellen sie ein wertvolles Futter dar. Aufgrund ihres Feuchtegehaltes werden sie bei den Elterntieren nicht so lange im Kropf eingeweicht und zurückgehalten vor der Fütterung an die Jungvögel wie beispielsweise trockene Saaten, d.h. die Nestlinge werden kontinuierlicher versorgt.

Viele Pflanzen enthalten zudem natürliche Inhaltsstoffe wie zum Beispiel ätherische Öle, die zum Wohlbefinden der Ziervögel beitragen. Gerbstoffe, die in manchen Beeren, aber auch der Rinde von Ästen zu finden sind, können durchaus einen günstigen Einfluss auf die Verdauung haben. Besonders wichtig sind aber Vitamine sowie Mineralstoffe. So sind die Beeren von Sanddorn, Ebereschen und Hagebutten beispielsweise reich an Vitamin C. Die dunkelgrünen Blätter von Wegerich und Brennnessel weisen höhere Gehalte an Beta-Carotin (Vorstufe von Vitamin A) auf. Bei den Mineralstoffen stellen die Futterpflanzen eine sinnvolle Ergänzung zu üblichen Sämereienmischungen dar. Diese weisen beispielsweise vielfach einen Calcium-Mangel auf. Viele Blätter aber auch die Rinde der Äste enthalten höhere Mengen an Calcium und gleichen diesen Missstand aus. Daneben enthalten Futterpflanzen wertvolle Spurenelemente, welche jede Ration sinnvoll ergänzen.

Alle Futterpflanzen können frisch angeboten werden. Für den Winter sind die Beeren zu trocken oder können eingefroren werden. Gleichermaßen kann mit Blättern bzw. den ganzen Pflanzen verfahren werden. In getrocknetem Zustand sind die Pflanzen bei sachgerechter Lagerung (kühl und trocken) über viele Monate hin haltbar. Sie können in getrockneter Form separat angeboten oder grob zerbröselt mit den Obst- oder Sämereienmischungen gefüttert bzw. unter Keim- oder Eifutter gemischt werden. Je nach individueller Vorliebe der Vögel nehmen sie die getrockneten Pflanzen auch mit etwas heißem Wasser überbrüht und danach abgekühlt auf.

Im Folgenden soll auf einige Vogelfutterpflanzen und ihre Einsatzmöglichkeiten bei diversen Ziervögeln eingegangen werden. Die Nährstoffgehalte einiger Futterpflanzen finden sich in einer Tabelle am Ende des Buches.

Büsche & Bäume

Bäume und Sträucher liefern nicht nur Beeren und andere Früchte, sondern auch Blätter und Zweige. Sie bereichern den Speisezettel der Vögel – und wenn die Gehölze in Ihrem eigenen Garten wachsen, wissen Sie auch genau, dass sie frei von schädlichen Pflanzenschutzmitteln oder den Belastungen am Straßenrand sind. Natürlich können Sie Zweige von Bäumen und Wildfrüchte auch in der freien Natur sammeln – von diesen ernähren sich aber auch die heimischen Vögel und andere Tiere. Machen Sie es darum umgekehrt: Pflanzen Sie die Obst- und Wildfruchtgehölze in Ihrem Garten und lassen Sie genügend für die gefiederten Gäste hängen.

Ahorn

Deutscher Name	**Ahorn**
Weitere deutsche Namen	**Feldahorn, Bergahorn, Spitzahorn, Fächerahorn**
Wissenschaftlicher Name	***Acer*-Arten**
Blütezeit	**April bis Mai**
Samenreife	**Juli**

Ahorne sind sommergrüne Laubbäume, die ihre hübschen Blätter im Herbst nach farbenprächtiger Verfärbung abwerfen. Typisch sind die zweiflügeligen Früchte, die sich aus den unscheinbar grüngelblichen Blüten entwickeln. In der freien Natur (Feldgehölz, Waldrand) wachsen die heimischen Feldahorne (*Acer campestre*) mit bis zu 8 cm langen drei- bis fünflappigen Blättern, Spitzahorne (*A. platanoides*) mit viel größeren, meist 5-lappigen Blättern, deren Rand große spitze Zähne aufweisen, sowie Bergahorne (*A. pseudoplatanus*) mit großen 5-lappigen Blättern ohne Spitzen an den Rändern. In Gärten und Parks werden häufig buntere Ahorne gepflanzt, allen voran die Japanischen und Fächerahorne (*A. japonicum, A. palmatum*). Für die Kultur in Töpfen eignen sich kleinere Ahorne, die als Sorten angeboten werden – ob man diese allerdings für die Ernte von Ästen herannehmen will, muss jeder selbst entscheiden ...

Als Nahrung für Vögel eignen sich Äste mit Knospen im Winter und Frühjahr sowie die halbreifen (milchreifen) geflügelten Nussfrüchte im Juni. Hängen Sie dazu einfach beblätterte Zweige mit den Früchtebüscheln in die Voliere. Der Rinde wegen können Sie Äste und Zweige unbedenklich das ganze Jahr über anbieten. Achten Sie dabei aber stets darauf, dass sie nicht zu viele Samen anbieten. Diese enthalten Hypoglycin A.

STANDORT	Ahorne wünschen einen sonnig-hellen bis halbschattigen, nicht so windigen Platz in humusreichem, lockerem Boden, Japanischer und Fächerahorn stehen auch gern im Schatten von größeren Bäumen.
ANBAU	Im Herbst können Sie den Ahorn am besten pflanzen, auch eine Pflanzung im Frühjahr ist möglich
PFLEGE	Anspruchslos. Bedecken Sie die Baumscheibe (Bereich der Wurzeln um den Stamm) möglichst mit Laub oder Kompost, bei starker Trockenheit gießen.
ERNTE	Ganzjährig Äste und Zweige, milchreife geflügelte Nussfrüchte im Juni
LAGERN UND AUFBEWAHREN	Die milchreifen Nussfrüchte können Sie in der Tiefkühltruhe eingefroren lagern; vor dem Anbieten auftauen lassen und, wenn nötig, gründlich abtrocknen.
SAMMELN IN DER NATUR	Da es einige andere Bäume mit ahornähnlichen Blättern gibt wie etwa die in Siedlungsbereichen häufigen Platanen oder im Feldgehölz der Gemeine Schneeball, müssen Sie über gute Baumkenntnisse verfügen, damit Sie auch tatsächlich einen Ahorn erkennen. Ihre Baumkenntnisse können Sie u.a. mithilfe von Naturführern zu Bäumen schulen. Sind Sie sich sicher bei der Bestimmung eines Ahorns, dann gilt: Die gesammelten Äste, Zweige, Früchte etc. dürfen nicht Pflanzenschutzmitteln behandelt sein, zudem müssen Sie fern von verkehrsreichen Straßen stammen.

Tipp Bei Bedarf können Sie Ahorn zurückschneiden und passendes Schnittgut Ihren Vögeln anbieten.

Geeignet für

Großpapageien	Großsittiche + Kleinpapageien	Wellensittiche	Kanarienvögel	Prachtfinken	Waldvögel + Finkenvögel	Ziergeflügel
✓	✓				✓	✓

Brombeerblätter

Deutscher Name	**Brombeere**
Weitere deutscher Namen	**Kratzbeere**
Wissenschaftlicher Name	***Rubus fruticosus***
Blütezeit	**Mai bis August**
Fruchtreife	**August bis Oktober**

Brombeeren gehören zu den Rosengewächsen, wachsen wild auf Waldlichtungen oder Waldrändern und gedeihen in jedem Garten, brauchen aber eine streng ordnende Hand mit Schere, sonst neigen sie zum Wuchern. Es gibt aufrecht wachsende Brombeeren oder rankende. Beim botanischen Namen Rubus fruticosus stammt der Gattungsname Rubus aus dem Indogermanischen und leitet sich von „reub" (=reißen) ab. Es handelt sich somit um eine Pflanze, an der man sich reißt. Dieses lässt sich auf die Stacheln an Stängeln und Blattrippen zurückführen. Damit man sich bei der Ernte nicht verletzt, wurden auch stachellose Brombeersorten gezüchtet. Die stachellosen Zwerg- und Säulen-Brombeeren sind auch für die Kultur in Pflanzgefäßen auf Balkon und Terrasse geeignet.

Bei der Betrachtung der Inhaltsstoffe, muss man zwischen Blättern und Beeren unterscheiden. Hier soll ausschließlich auf die Blätter eingegangen werden. Diese sind reich an Gerbstoffen und werden daher bei unspezifischen Durchfällen eingesetzt. Auch hier gilt, dass Brombeerblätter allenfalls unterstützend eingesetzt werden können. Lassen Sie die Ursache grundsätzlich zunächst durch einen vogelkundlichen Tierarzt abklären.

STANDORT	Brombeeren wollen einen sonnig-warmen Platz im Garten, der zudem vor Wind geschützt ist.
ANBAU	Im Frühjahr werden die Brombeerruten in einer Reihe entlang eines stabilen Zauns oder Gerüsts gepflanzt, das über starke, quer gespannte Drähte verfügt. An diesen können die Ranken emporwachsen.
PFLEGE	Im Frühjahr wird mit Kompost gedüngt und die im Vorjahr abgeernteten Ruten werden dicht über dem Boden abgeschnitten, bei den übrigen abgestorbene Spitzen abgeschnitten – nur diese zweijährigen Ruten blühen und tragen Früchte. Den Boden gleichmäßig feucht halten (vor allem im Sommer, wenn die Früchte gebildet werden). Ranken regelmäßig an den gespannten Drähten anbinden. Im Winter frostempfindliche Sorten zum Schutz mit Schilfmatten umgeben.
ERNTE	Sammeln Sie die Blätter in der ersten Maihälfte (zu Beginn der Brombeerblüte) und trocknen Sie diese.
LAGERN UND AUFBEWAHREN	Eine unmittelbare Verfütterung ist zu empfehlen. Dies gilt insbesondere, wenn sich Beeren an den Pflanzenteilen befinden, da diese rasch verderben und schimmeln.
SAMMELN IN DER NATUR	Brombeeren bilden im Feldgehölz, am Waldrand, entlang von Waldwegen und auf Lichtungen große undurchdringliche Gebüsche. Befinden sich diese fern von Straßen (Kraftfahrzeugabgase) und bewirtschafteten Feldern (Pflanzenschutzmitteleinsatz), können Sie die Brombeerblätter bedenkenlos sammeln – mit Vorsicht! Die Triebe sind dicht mit fiesen Stacheln besetzt!

Tipp Brombeerblätter können auch als Tee zubereitet werden. Übergießen Sie hierzu 2 Teelöffel Brombeerblätter mit etwa 250 ml kochendem Wasser. Lassen Sie diese Zubereitung 10 Minuten stehen und seihen Sie dann ab, bevor Sie den Tee abgekühlt anbieten.

Geeignet für

Großpapageien	Großsittiche + Kleinpapageien	Wellensittiche	Kanarienvögel	Prachtfinken	Waldvögel + Finkenvögel	Ziergeflügel
✓	✓				✓	✓

Eberesche

Deutscher Name	**Eberesche**
Weitere deutsche Namen	**Vogelbeere, Drosselbeere, Vogelbeerbaum**
Wissenschaftlicher Name	***Sorbus aucuparia***
Blütezeit	**Mai bis Juni**
Fruchtreife	**ab August**

Die kleinen Apfelfrüchte, die zu vielen in Büscheln an den Ästen hängen, enthalten neben reichlich Mineralstoffen, Vitamin C und A auch Parasorbinsäure und Tannine. Letztere sorgen für den herbbitteren, sauren Geschmack der Früchte. Nach Frosteinwirkung verlieren die Früchte diese Eigenschaften und werden schmackhaft – das wissen auch Amseln und andere heimische Wildvögel, für die die Ebereschen eine wichtige Nahrung sind („Vogelbeeren").

Ihren Vögeln können Sie frisch geschnittene, früchtetragende Äste anbieten. Getrocknete Früchte sind bei Wildvögeln weniger beliebt als frische, probieren Sie sie bei Ihren Vögeln aus. Da die Ebereschenfrüchte viel Zucker (Sorbit) enthalten, verderben sie leicht und neigen zu Pilzbesatz.

Eine Eberesche gedeiht leicht im Garten und sogar auf Balkon und Terrasse im entsprechend großen Pflanzgefäß (Mörtelkübel). Er wird ein kleiner bis mittelhoher Baum mit hübscher Krone oder wächst auch als mehrstämmiger Strauch. Die bis zu 20 cm langen gefiederten Blätter verfärben sich im Herbst nach Gelborange bis Rot.

STANDORT	Die anspruchslose, pflegeleichte Eberesche wünscht einen sonnigen bis halbschattigen Platz, der im Sommer nicht zu heiß werden soll.
ANBAU	Im Herbst oder Frühjahr wird die Eberesche gepflanzt. Binden Sie den Stamm mit einer Achterschlaufe an einen Stützpfosten, bis die Wurzeln im Boden richtig Fuß gefasst haben.
PFLEGE	Im Frühjahr geben Sie auf den Boden rund um den Stamm etwas Kompost – das wäre es schon an Pflege.
ERNTE	Ab Oktober sind die Früchte erntereif, dazu die ganzen Fruchtbüschel mit Zweig abschneiden; legen Sie die Früchte 1 – 2 Tage lang in die Tiefkühltruhe oder ernten Sie sie erst nach den ersten Frösten.
LAGERN UND AUFBEWAHREN	Die Früchte können problemlos portionsweise eingefroren werden.
SAMMELN IN DER NATUR	Ebereschen wachsen natürlicherweise am Waldrand, auf Lichtungen und im Feldgehölz. Dort können Sie – fern von Straßen und landwirtschaftlich bestellten Feldflächen – Vogelbeeren sammeln. Doch belassen Sie genügend Früchte für die heimische Tierwelt, für die die Eberesche eine sehr wichtige Nahrungspflanze ist. Pflanzen Sie stattdessen lieber eine Eberesche in Ihrem Garten!

Tipp Die Mährische Eberesche (*S. aucuparia ´Edulis´*) liefert besonders zahlreiche, große und Vitamin-C-haltige Früchte, denen zudem die Bitterstoffe fehlen. Bei weißen, filzigen Ablagerungen auf den getrockneten Beeren müssen Sie genau unterscheiden, ob es sich um Zuckerausschwitzungen oder gefährliche Schimmelpilze und Hefen handelt! Bereits im Zweifelsfall bitte nicht füttern.

Geeignet für

Großpapageien	Großsittiche + Kleinpapageien	Wellensittiche	Kanarienvögel	Prachtfinken	Waldvögel + Finkenvögel	Ziergeflügel
✓	✓	✓	✓	✓	✓	✓

Fichte

Deutscher Name	**Gemeine Fichte, Rotfichte**
Weitere deutsche Namen	**Rottanne**
Wissenschaftlicher Name	***Picea abies***
Blütezeit	**April bis Mai**
Samenreife in den Zapfen	**September bis November**

Die Rot- oder Gemeine Fichte ist ein immergrüner heimischer Wald- und Forstbaum (Konifere), der bis zu 50 m hoch werden kann. Früher wurde diese Fichte häufig in Gärten gepflanzt, auch als Schnitthecke – heute verwendet man andere Fichtenarten oder Sorten der Rotfichte, die niedriger und zierlicher bleiben. Zu Letzteren gehören zum Beispiel die Igel-, Zwerg-, Nest- und Hängefichte. Für die Kultur in Kübeln und Töpfen sind Fichten ungeeignet.

Vögel können Sie ganzjährig frisch vom Baum geschnittene Zweige anbieten, wegen der enthaltenen ätherischen Öle allerdings nur hin und wieder. Wählen Sie dabei stets gänzlich harzfreie Zweige, am besten von Mai bis Juli die frischen Triebspitzen mit weicheren Nadeln. Achten Sie darauf, dass die Bäume nicht mit Pflanzenschutzmitteln behandelt sind. Die Äste von Weihnachtsbäumen eignen sich nicht, denn viele Weihnachtsbäume stammen von Plantagen mit ungewisser chemischer Behandlung. Auf der sicheren Seite sind Sie bei Fichtenzweigen aus dem eigenen Garten.

STANDORT	Hell bis lichter Schatten am luftfeuchten, eher kühlen Platz
ANBAU	Im Frühjahr oder Herbst pflanzen
PFLEGE	Anspruchslos, bei Trockenheit ausgiebig wässern, auch im Winter, verträgt Rückschnitt
ERNTE	Ganzjährig, Zapfen im Herbst
LAGERN UND AUFBEWAHREN	Getrocknete Zapfen können an trockenem Platz lang gelagert werden
SAMMELN IN DER NATUR	Im Wald und Forst erkennen Sie die Rotfichte an diesen Merkmalen: Die vierkantigen, bis zu 2,5 cm langen Nadelblätter mit stechender Spitze befinden sich rundherum an den Zweigen (die giftigen Eiben besitzen abgeflachte, weichere Nadeln und keine Höcker auf den Zweigen). Jedes Nadelblatt sitzt dabei auf einem kleinen Höcker – diese bleiben nach dem Abfallen oder Abreißen der Blätter an den Zweigen zurück; dadurch fühlen sich nadellose Zweige wie Reibflächen an. Die waagerechten oder bogig aufwärts gerichteten Äste bilden eine gleichmäßig kegelförmige Krone, die bei freistehenden Bäumen deutlich sichtbar ist. Typisch sind die hängenden, bis zu 16 cm langen Zapfen, die als Ganzes herabfallen und am Boden unter den Fichten liegen (die der Tannen stehen aufrecht auf den Zweigen und zerfallen noch auf dem Baum in Einzelteile). Vor dem Sammeln müssen Sie den Förster / Waldbesitzer um Erlaubnis fragen.

Tipp Die Zapfen enthalten fettreiche Samen, die insbesondere bei Kakadus sehr beliebt sind. Aber auch Aras, Graupapageien und Amazonen sind mit dem Angebot von Zapfen zu erfreuen. Auch die Zapfen, deren Samen im Herbst reif werden, können Sie anbieten, zum spielerischen Zerkleinern – falls sie noch feucht oder gar nass sind, vor dem Verabreichen unbedingt trocknen lassen!

Geeignet für

Großpapageien	Großsittiche + Kleinpapageien	Wellensittiche	Kanarienvögel	Prachtfinken	Waldvögel + Finkenvögel	Ziergeflügel
✓	✓				✓	✓

Hainbuche

Deutscher Name	**Hainbuche**
Weitere deutscher Namen	**Weißbuche, Hagebuche**
Wissenschaftlicher Name	***Carpinus betulus***
Blütezeit	**April bis Juni**
Fruchtreife	**August/September**

Die Knospen und die unscheinbar grünlich gelben Blütenkätzchen der heimischen Hainbuche bereichern im Frühjahr, die harten, von einer dreilappigen Hülle umgebenen Nüsschenfrüchte, die auffällig zu vielen in langen Büscheln herabhängen, im Herbst den Speisezettel Ihrer Vögel. Zweige mit und ohne Laub können Sie Papageien und Sittichen das ganze Jahr über anbieten – Hainbuche besitzen, nach der Eberesche (siehe Seite 20), in Europa das härteste Holz unter den heimischen Bäumen. Auch die Schale der Früchte ist so hart, dass sie nur von kräftigen Vogelschnäbeln, wie etwa denen vom heimischen Kernbeißer, geknackt werden kann.

Hainbuchen sind attraktive, sehr langsam wachsende Laubbäume für jeden Garten, für die Kultur in Kübeln und ähnlich großen Pflanzgefäßen ist die Hainbuche jedoch nicht geeignet. Einzeln stehend wächst sie zum hübschen mittelgroßen Hausbaum mit runder, dichter Krone. Früher wurden mit der robusten, anspruchslosen Hainbuche frisch angelegte Wiesen und Felder „eingehagt" (Name: Hagebuche), heute ist sie ein beliebtes Gehölz für bis zu 4 m hohe Formschnitthecken, denn sie lässt sich beliebig zurückschneiden. Da das vertrocknete Laub den ganzen Winter über an den Ästen hängt bleibt, bildet sie auch dann einen Sichtschutz – wie wäre es mit diesem Gehölz für Ihren Garten!

STANDORT	Anspruchslos; die Hainbuche gedeiht am sonnigen bis sogar schattigen Platz, wünscht einen eher feuchten Boden
ANBAU	Pflanzung der Hainbuche als Baum oder Hecke im Herbst, nach der Pflanzung den Boden um die Wurzeln gründlich wässern
PFLEGE	Im Frühjahr versorgen Sie den Boden um die Pflanzen mit Kompost – das genügt. Schnitthecken sollten mindestens einmal im Jahr zurückgeschnitten werden, damit sie ihre Form behalten und belaubt sind – dies darf nur außerhalb der Brutzeit der heimischen Wildvögel geschehen, die gern in der Hainbuchenhecke brüten, d.h. zwischen Oktober und Februar.
ERNTE	Knospen und Blütenkätzchen im April und Mai, Nüsschenfrüchte im August und September, Zweige ganzjährig
LAGERN UND AUFBEWAHREN	Knospen und Blütenkätzchen werden frisch angeboten, die harten Nüsschenfrüchte lassen sich an einem trockenen Platz lagern
SAMMELN IN DER NATUR	Die Hainbuche wächst in Laubwälder, am Waldrand und zwischen Feldgehölz. Sie kann mit der heimischen Rotbuche verwechselt werden, mit der sie jedoch nicht verwandt ist. Im Gegensatz zu Hainbuchen besitzen Rotbuchen aber einen ganz glatten, meist silbrig-grauen Stamm sowie gewellte Ränder an den Blättern. Der Stamm der Hainbuche besitzt erhabene Längswülste und tiefe Furchen, die eiförmigen Blätter mit gesägtem Rand erinnern an Wellbleche.

Tipp Ihre Vögel danken es Ihnen, wenn Sie einige Zweige ins Wasser stellen und vorziehen. Bieten Sie die Äste als Sitzstangen an. Beim Benagen der Rinde werden wertvolle Mineralstoffe aufgenommen.

Geeignet für

Großpapageien	Großsittiche + Kleinpapageien	Wellensittiche	Kanarienvögel	Prachtfinken	Waldvögel + Finkenvögel	Ziergeflügel
✓	✓	✓	✓	✓	✓	✓

Hartriegel

Deutscher Name	**Hartriegel**
Weitere deutscher Namen	**Roter Hartriegel, Blutroter Hartriegel / Kornelkirsche, Gelber Hartriegel**
Wissenschaftlicher Name	***Cornus sanguinea / Cornus mas***
Blütezeit	**Mai bis Juni / März bis April**
Fruchtreife	**ab August**

Roter und Gelber Hartriegel sind zwei heimische Hartriegelsträucher, die am Waldrand, im Laubwald, in Feldgehölzen und Gebüsch vorkommen. Da sie heimischen Vögeln und anderen Wildtieren Nahrung, Brutplätze und Schutz bieten, sind sie ökologisch wichtig. Zweige mit und ohne Blätter sowie die auch für Menschen ungiftigen Früchte können Sie Sittichen und Papageien als Nahrung anbieten.

Der reich verzweigte Rote oder Blutrote Hartriegel (*C. sanguinea*, siehe Foto) wird bis zu 4 m hoch; seine elliptischen, zugespitzten Blätter färben sich im Herbst weinrot, die weißen Blütchen stehen in hübschen Schirmrispen und die 5 – 8 mm großen kugeligen Steinfrüchte sind bei Reife im September matt schwarzblau – typisch sind die kräftig roten Stiele der blauschwarzen Früchte.

Etwas größer wird der Gelbe Hartriegel oder Kornelkirsche (*C. mas*) mit ähnlichen Blättern, der seine kleinen gelben Blüten aber schon ab März und lange vor dem Blattaustrieb öffnet; Hummeln, Honigbienen und andere frühe Insekten finden nun wichtige Nahrung so früh im Jahr. Im August sind die glän-

zend roten länglichen Steinfrüchte mit reichlich Vitamin C reif. Da die Vögel gern diese Früchte fressen, müssen Sie sich beeilen, wenn Sie ein paar für Ihre Vögel (oder für Marmelade und Gelee) ernten möchten. Beide Hartriegel passen in jeden Garten, in den ersten 4 – 5 Jahren können Sie auch im Kübel auf Balkon und Terrasse kultiviert werden, danach werden sie zu groß und sollten ins Freie gepflanzt werden.

STANDORT	Anspruchslos, sonniger bis schattiger Platz auf nicht zu trockenem Boden.
ANBAU	Pflanzung im Herbst oder Frühjahr, auch als Hecke (Abstand zwischen den Pflanzen 1 m).
PFLEGE	Pflegeleicht, bei Trockenheit gießen, vor allem an sonnigen Plätzen; verträgt jeglichen Schnitt.
ERNTE	Äste mit Früchten ab August.
LAGERN UND AUFBEWAHREN	Die Früchte sollten frisch gereicht werden.
SAMMELN IN DER NATUR	Zweige und Früchte können Sie auch in der Natur sammeln – vorausgesetzt, Sie können die beiden Hartriegelarten auch genau bestimmen und von anderen, teils giftigen Sträuchern unterscheiden. Im nichtblühenden und nicht fruchttragenden Zustand haben der Rote Hartriegel und der Kreuzdorn ähnliche Blätter wie die Kornelkirsche. Beim Roten Hartriegel sollten Sie strikt die rote Färbung der Stiele und Zweige beachten, durch die er sich deutlich von anderen Wildsträuchern mit ebenfalls blauschwarzen Früchten (wie z.B. Schwarzer Holunder, Faulbaum, Kreuzdorn, Liguster, Efeu) unterscheidet.

Tipp Am schmackhaftesten sind die Früchte der Kornelkirsche (Kornellen), wenn sie überreif sind und schon fast von den Ästen fallen. Sie können auch die abgefallenen Früchte auf dem Boden sammeln, müssen allerdings alle schadhaften Früchte konsequent aussortieren.

Geeignet für

Großpapageien	Großsittiche + Kleinpapageien	Wellensittiche	Kanarienvögel	Prachtfinken	Waldvögel + Finkenvögel	Ziergeflügel
✓	✓	✓			✓	✓

Kiefer

Deutscher Name	**Kiefer**
Weitere deutsche Namen	**Waldkiefer, Föhre, Schwarzkiefer, Bergkiefer, Krummholzkiefer, Mädchenkiefer**
Wissenschaftlicher Name	***Pinus*-Arten**
Blütezeit	**Mai bis Juli**
Samenreife in den Zapfen	**September bis November**

Die Kiefern sind eine formenreiche Gruppe von immergrünen Koniferen mit typischen Nadelblättern: Die sehr langen Nadeln stehen stets zu dritt oder fünft in Büscheln, nur an den blütentragenden Trieben befinden sich kurze, schuppenförmige Blätter. Die Waldkiefer (*Pinus sylvestris*) ist ein häufiger Wald- und Forstbaum, von dem es zahlreiche kleinere, zierlichere Formen für den Garten gibt. Wegen ihres grazilen Wuchses, den attraktiven Nadelblättern oder Zapfen findet man in Parks und Gärten häufig Mädchen-, Weymouths- und Tränenkiefern. Für die Kultur in Balkonkästen und Pflanzgefäßen wurden kleine Sorten (Zwergkiefern) gezüchtet.

Wie für Fichten gilt auch für Kiefern: Wegen dem Gehalt an ätherischen Ölen können Sie hin und wieder das ganze Jahr über frisch vom Baum geschnittene Zweige anbieten. Wählen Sie dabei stets gänzlich harzfreie Zweige, am besten im Frühjahr die jungen Zweige, deren Nadeln noch hellgrün und weich sind – dann besteht auch keine Verletzungsgefahr wegen der doch langen Nadelblätter. Achten Sie darauf, dass die Bäume nicht mit Pflanzenschutzmitteln behandelt sind. Auch die Zapfen, deren Samen im Herbst reif werden, können Sie anbieten, auch zum spielerischen Zerkleinern – falls sie noch feucht oder gar nass sind, vor dem Verabreichen unbedingt trocknen lassen!

STANDORT	Heller Platz, auch für Stadtklima geeignet
ANBAU	Im Herbst pflanzen
PFLEGE	Anspruchslos, bei Trockenheit gießen
ERNTE	Zweige und Zapfen ganzjährig; da Kiefern in Gärten als dekorative Hinguckernadelgehölze gepflanzt wurden, sollten Sie bei der Wahl der Zweige für Ihre Vögel mit Bedacht vorgehen, denn Kiefern mögen einen Rückschnitt nicht so gern: Wählen Sie solche Zweige aus, die ohnehin „stören", also etwa zur Hauswand hin gerichtet sind.
LAGERN UND AUFBEWAHREN	Getrocknete Zapfen halten sich lange an trockenem Platz
SAMMELN IN DER NATUR	Kiefern wachsen in vielen Forsten und Wäldern. Sie sind leicht an den typischen Nadelblättern erkennbar – vor dem Sammeln müssen Sie eine Erlaubnis bei Förster / Waldbesitzer einholen.

Tipp Bei Trockenheit öffnen sich die Zapfenschuppen, die sie nun leicht mit selbst püriertem Obst- oder Gemüsebrei bestreichen und an einer Schnur in der Voliere aufgehängt den Vögeln als Nahrung anbieten können.

Achtung: Bieten Sie nur harzfreie Äste an, um das Gefieder vor Verklebungen zu schützen.

Geeignet für

Großpapageien	Großsittiche + Kleinpapageien	Wellensittiche	Kanarienvögel	Prachtfinken	Waldvögel + Finkenvögel	Ziergeflügel
✓	✓	✓	✓	✓	✓	✓

Liguster

Deutscher Name	**Gemeiner Liguster**
Weitere deutsche Namen	**Rainweide, Beinholz, Tintenbeerstrauch**
Wissenschaftlicher Name	***Ligustrum vulgare***
Blütezeit	**Juni bis Juli**
Fruchtreife	**August bis September**

Der Gemeine Liguster ist ein anspruchsloser heimischer Wildstrauch, der oft zusammen mit Berberitze, Felsenbirne, Hartriegel, Schlehe, Weißdorn und Wildrosen dichte Gebüsche bildet. Er ist sehr wuchsstark, winterhart und verfestigt mit seinem flachen Wurzelwerk flache Böden. Im Frühsommer öffnen sich am Ende der Triebe die kleinen weißen Blüten in einer Rispe, die von vielen Wildbienen, Fliegen und Schmetterlingen bestäubt werden. Daraus entwickeln sich im Lauf des Sommers zunächst grüne, dann glänzend schwarze erbsengroße saftige Steinfrüchte. Sie enthalten braunviolette Samen. Diese Früchte sind für den Menschen giftig, hingegen nicht für Vögel. Sie werden gern von Mönchsgrasmücken, Dompfaff (Gimpel) und Grünfinken bis weit in den Winter hinein gefressen.

STANDORT	Sonniger bis halbschattiger Platz auf allen Böden, wärmeliebend
ANBAU	Im Frühjahr oder Herbst pflanzen
PFLEGE	Völlig anspruchslos, bei Trockenheit gießen; kann gut zurück- oder als Hecke in Form geschnitten werden – um Früchte ernten zu können, dürfen aber weder die blühenden noch die verblühten Blütenstände oder unreifen Fruchtstände abgeschnitten werden.
ERNTE	Frische Ligusterbeeren von September bis in den Winter hinein, wenn sie glänzend schwarz sind
LAGERN UND AUFBEWAHREN	Die Ligusterfrüchte können eingefroren oder getrocknet werden
SAMMELN IN DER NATUR	Liguster sind weit verbreitete Wildsträucher, die in lichten Wäldern, in Gebüsch und Feldgehölzstreifen sowie entlang von Gewässern oder an felsigen Hängen wachsen. Auch in vielen Hausgärten werden sie als Hecke gepflanzt, dabei jedoch meist so geschnitten, dass sie weder Blüten noch Früchte bilden.

Tipp Die zarten weißen Blüten sind aufgrund des süßen Geschmacks sehr beliebt. Ligusterfrüchte sind für den Menschen giftig – nach Kontakt mit dem Pflanzensaft sollten Sie sich daher die Hände waschen.

Zur Gewöhnung können Sie die Früchte zerdrücken und so den Vögeln anbieten. Die Blätter enthalten Gerbstoffe, die heilende Wirkung auf die Schleimhäute im Schnabel sowie im Magen-Darm-Trakt haben. Die Blätter können hierzu frisch oder in getrocknetem Zustand eingesetzt werden.

Geeignet für

Großpapageien	Großsittiche + Kleinpapageien	Wellensittiche	Kanarienvögel	Prachtfinken	Waldvögel + Finkenvögel	Ziergeflügel
✓	✓	✓	✓	✓	✓	✓

Maulbeere

Deutscher Name	**Maulbeere**
Weitere deutsche Namen	**Weiße Maulbeere, Schwarze Maulbeere**
Wissenschaftlicher Name	***Morus alba, Morus nigra***
Blütezeit	**Mai bis Juni**
Fruchtreife	**Juli bis August**

Maulbeeren sind bis zu 15 m hohe Laubbäume, die im Herbst ihr Laub abwerfen. Es gibt zwei Arten zur Auswahl, die aus Ostasien stammende Weiße Maulbeere und die aus Westasien stammende Schwarze Maulbeere. Aus den unscheinbaren, hängenden Kätzchenblüten, die wegen der späten Blütezeit im Mai kaum spätfrostgefährdet sind, entwickeln sich bis zu 2,5 cm lange Fruchtstände. Sie erinnern an Brombeeren und reifen von Hellgrün über Weiß, Rosa bis Schwarzviolett. Die süßsäuerlichen Früchte der Schwarzen Maulbeere schmecken aromatischer, würziger und weniger fad als die süßlichen der Weißen Maulbeere.

STANDORT	Sonniger bis halbschattiger Platz in normalem Gartenboden
ANBAU	Im Frühjahr oder Herbst pflanzen, steht am liebsten allein
PFLEGE	Anspruchslos, frosthart, verträgt Trockenheit, Hitze und karge Böden, ebenso das Klima in Innenstädten
ERNTE	Die Früchte reifen am selben Fruchtstand nach und nach. Ab Juli/August können Sie die reifen Früchte einzeln pflücken, sie fallen auch von selbst herunter. Darum breiten Sie am besten zur Erntezeit eine Plane unter dem Baum aus und schütteln ihn kräftig.
LAGERN UND AUFBEWAHREN	Die Früchte können portionsweise tiefgefroren oder wie Rosinen getrocknet werden.
SAMMELN IN DER NATUR	Sowohl der Weiße als auch der Schwarze Maulbeerbaum kommt nicht in der freien Natur vor.

Tipp Maulbeeren sind reich an Vitamin C (rund 400 mg/kg) und unterstützen damit das Immunsystem. In getrockneter Form gehören sie zu den eiweißreicheren Beeren und sind damit vor allem während der Aufzucht von Jungvögeln eine hervorragende Eiweißquelle.

Geeignet für

Großpapageien	Großsittiche + Kleinpapageien	Wellensittiche	Kanarienvögel	Prachtfinken	Waldvögel + Finkenvögel	Ziergeflügel
✓	✓	✓	✓	✓	✓	✓

Mandeln

Deutscher Name	**Mandelbaum**
Weitere deutsche Namen	**Krachmandeln**
Wissenschaftlicher Name	***Prunus dulcis***
Blütezeit	**März bis April**
Fruchtreife	**Ende September**

Mandeln sind die Samen des Mandelbaums, die von einer samtartig behaarten fleischigen Hülle umgeben und von Hand zu öffnen sind. Da Mandeln über 50 % Fette enthalten, darunter die leichtverdauliche Oleinsäure, sollten Sie sie trotz reichlich B-Vitaminen und Mineralstoffen Papageien nur in Maßen anbieten. Da Mandeln aufgrund dieses hohen Fettgehalts schnell ranzig werden, müssen Sie unbedingt auf gute Qualität achten. Die Mandeln, die Sie im Handel erhalten, stammen zumeist aus dem warmen Klima von Kalifornien, Spanien, Türkei, Marokko und Griechenland. Mandelbäume benötigen mehr Wärme als Pfirsich- und Aprikosenbaum. Bei uns können Sie einen Mandelbaum, der 2 – 8 m hoch wird, in Gebieten mit Weinbauklima kultivieren – ein Versuch, der sich lohnt. Denn Sie wissen nicht nur, dass Ihre Mandeln ohne Pflanzenschutzmittel kultiviert wurden, sondern können den Vögeln auch die Mandeln mit Schale anbieten – das Schälen ist eine sinnvolle Beschäftigung, die den Vögeln guttut. Ein Mandelbäumchen ist auch für die Kultur in einem Kübel auf Balkon und Terrasse geeignet.

Tipp

Bieten Sie Ihren Vögeln im zeitigen Frühjahr Zweige mit den rosa Mandelblüten an! Und zur Abwechslung in Maßen auch andere Nüsse wie Haselnüsse, Macadamianüsse, Pinienkerne oder Walnüsse. Sie müssen unbedingt von sehr guter Qualität und nicht ranzig sein. Aufgrund des höheren Gehaltes an Selen und ungesättigten Fettsäuren, verbessern Nüsse die Fruchtbarkeit von Vögeln.

STANDORT

Wählen Sie für den Mandelbaum den wärmsten, sonnigsten Platz im Garten, etwa vor einer nach Süden ausgerichteten Hauswand, der auch vor Winden und Spätfrösten schützt. Da Mandelbäume keine Staunässe vertragen, muss der Boden locker, tiefgründig und trocken sein. Im Winter ertragen Mandelbäume auch frostige Temperaturen.

ANBAU

Im Herbst ist der geeignete Pflanztermin. Vor dem Pflanzen müssen Sie evtl. verletzte Wurzeln abschneiden, nach der Pflanzung kräftig gießen. Ein Stützpfosten gibt während der ersten Jahre Halt. Für die Kultur im hiesigen Klima eignet sich am besten die aus Deutschland stammende ´Dürkheimer Krachmandel´ mit weicher Schale.

PFLEGE

Vor allem bei Trockenheit müssen Sie den Mandelbaum regelmäßig gießen, damit der Boden nicht austrocknet, wird der Boden mit Laub gemulcht und im Frühjahr organisch mit Kompost gedüngt. Damit die Äste im Herbst gut verholzen und der Mandelbaum gut über den Winter kommt, darf ab August auf keinen Fall mehr stickstoffhaltig gedüngt werden. Der Mandelbaum verträgt jeglichen Schnitt – das ist günstig für die Kultur im Gefäß, denn Sie können ihn auf diese Weise kompakt halten und an das Platzangebot auf Balkon und Terrasse anpassen.

ERNTE

Wenn sich die dünnen Hüllen öffnen, sind die Mandeln erntereif – ernten Sie sie, indem sie den Baum leicht schütteln. Die grüne Schale entfernen Sie gleich, da dies dann noch leicht geht – oder Sie überlassen das Knacken Ihren Vögeln.

LAGERN UND AUFBEWAHREN

Legen Sie die frisch geernteten Mandeln sofort zum Trocknen aus, getrocknet werden Mandeln an einem trockenen, luftigen Ort gelagert und sind dort bis zu 1 Jahr lang haltbar.

Geeignet für

Großpapageien	Großsittiche + Kleinpapageien	Wellensittiche	Kanarienvögel	Prachtfinken	Waldvögel + Finkenvögel	Ziergeflügel
✓						

Rosmarin

Deutscher Name	**Rosmarin**
Weitere deutsche Namen	**„Ros maris“ = „Tautropfen des Meeres“, Rosmarein**
Wissenschaftlicher Name	***Rosmarinus officinalis***
Blütezeit	**Mai bis Juni**
Fruchtreife	**ab Juli**

Seit dem 8. Jahrhundert wird Rosmarin, den Benediktinermönche nach Mitteleuropa gebracht haben, angebaut. Dieser aromatisch duftende Halbstrauch bildet dichte, 50 – 200 cm hohe Sträucher mit nadelförmigen, ledrigen, sehr harten Blättern. Die Oberseite ist glänzend dunkelgrün, die Unterseite mit einem feinen weißen Filz (Verdunstungsschutz) überzogen.
Die zartblauen Lippenblüten mit den weit herausragenden Staubblättern locken Bienen an, aus ihnen entwickeln sich braune, harte Klausenfrüchte.

Vor allem die Blätter enthalten reichlich ätherische Öle (Kampfer, Borneol und andere), außerdem Flavonoide, Bitter- und Gerbstoffe, Harze, Saponine und Pflanzensäuren. Dementsprechend heilwirksam ist der Rosmarin – er fördert die Verdauung, lindert Blähungen, stärkt Herz und Kreislauf, wirkt desinfizierend und durchblutungsfördernd.

STANDORT	An vollsonnigem, warmem, windgeschütztem Platz auf durchlässigem, trockenem, magerem Boden, gern kalkhaltig und mit Sand und Steinen versetzt
ANBAU	Saatgut ab März auf der Fensterbank in Schalen aussäen, Saatgut nur gut andrücken (Lichtkeimer), viel einfacher ist es im Sommer Stecklinge von einem Rosmarin zu schneiden und diese in einem Glas Wasser Wurzeln ziehen zu lassen oder Jungpflanzen besorgen; am besten in Pflanzgefäß kultivieren
PFLEGE	Sparsam düngen und gießen, im Herbst mit Kalk düngen, junge Pflanzen sind frostempfindlicher als ältere, daher im Herbst Winterschutz (Reisig oder Stroh) anbringen oder an einem frostfreien, hellen Platz überwintern
ERNTE	Ganzjährig möglich, am besten aber kurz vor der Blüte benötigte Triebe frisch abschneiden, im Winter nur wenig ernten
LAGERN UND AUFBEWAHREN	An einem schattigen, warmen Ort frisch geschnittene Triebe im Ganzen trocknen lassen, behalten lange ihren Duft; trocken und dunkel aufbewahren
SAMMELN IN DER NATUR	Rosmarin ist keine heimische Wildpflanze, daher erübrigt sich das Sammeln in der Natur.

Tipp Rosmarin wächst sehr langsam. Wenn Sie ihn Ende März kräftig zurückschneiden, bildet er reichlich junge Triebe und behält seinen dichtbuschigen Wuchs. Ohne Rückschnitt wird der Rosmarin von Jahr zu Jahr holziger, bildet immer weniger neue Triebe und verkahlt immer mehr. Legen Sie einige zerstoßene Rosmarinnadeln in das Futtermittellager. Die Rosmarinöle helfen dabei, Getreidemotten zu vertreiben.

Geeignet für

Großpapageien	Großsittiche + Kleinpapageien	Wellensittiche	Kanarienvögel	Prachtfinken	Waldvögel + Finkenvögel	Ziergeflügel
✓	✓	✓				✓

Sanddorn

Deutscher Name	**Gemeiner Sanddorn**
Weitere deutsche Namen	**Seedorn, Fasanbeer, Haffduurn, Griesbeer, Audorn, Doorn, Dubusch, Fürdorn, Besingstrauch, Amritscherl, Tubakröhrlistude, Weissedern, auch „Zitrone des Nordens“**
Wissenschaftlicher Name	***Hippophae rhamnoides***
Blütezeit	**April bis Mai**
Fruchtreife	**September bis Oktober**

Der Sanddorn ist ein strauchartig wachsendes Gehölz, das bis zu 4 m hoch wird. Der sparrig wachsende, dichte Strauch trägt Zweige, die dicht mit langen, spitzen Dornen besetzt sind. Die weidenähnlichen, schmalen Blätter sind auf der Unterseite silbriggrau – da sie sich gern in alle Richtungen drehen, erscheinen Sanddornbüsche oft silbrig. Vor den Blättern erscheinen schon die unauffälligen, sehr kleinen gelben Blüten. Es gibt Sträucher mit nur männlichen und solche mit nur weiblichen Blüten. Nur der weibliche Strauch trägt Früchte, der männliche Strauch dient der Befruchtung. Aus den Blüten entwickeln sich unglaublich viele kugelige, kurzgestielte Früchte, die dicht an dicht an den Zweigen sitzen. Sie sind kugelig, leuchtend orangerot, sehr saftig und duften herb-frisch. Sanddornfrüchte enthalten Gerbstoffe, Flavonoide, Kalzium, fettes Öl und viele Vitamine (Provitamin A, alle B-Vitamine, Vitamin E, K und P) sowie bis zu 1,2 g Vitamin C pro 100 g Früchte – das ist der mehrfache Gehalt von Zitronen: Daher werden sie auch „Zitronen des Nordens“ genannt. Die Früchte bleiben bis weit in den Winter hinein an den Zweigen hängen. Vor allem Fasane und andere Hühnervögel mögen die Früchte, daher heißt der Sanddorn auch Fasanenbeere.

STANDORT	An sonnigem bis halbschattigem Platz, gern auf sandigem, nicht zu feuchtem, stickstoffarmem Boden, meidet saure und humusreichen Boden
ANBAU	Im Frühjahr oder Herbst pflanzen in tiefgründigem Boden, wurzelt tief und bildet auch Wurzelausläufer. Um Früchte ernten zu können, müssen Sie daher je einen männlichen und weiblichen Strauch pflanzen. Die Sorten ‚Leikora' und ‚Friesdorfer Orange' sind weiblich, die Sorte ‚Pollmix' ist eine männliche Befruchtersorte.
PFLEGE	Völlig anspruchslos, sehr frosthart, verträgt Wind, Trockenheit, das Klima in Innenstädten und sogar streusalzhaltige Böden
ERNTE	Am besten sammeln Sie die Früchte im September und Oktober, bevor sie vollreif sind. Wenn sie schon blass werden, riechen und schmecken sie ranzig.
LAGERN UND AUFBEWAHREN	Reichen Sie die Früchte sofort nach der Ernte den Vögeln. Die übrigen Früchte sollten Sie sofort nach der Ernte einfrieren oder trocknen, sie verderben schnell.
SAMMELN IN DER NATUR	In der Natur wachsen Sanddornbüsche in Gebirgstälern, auf Dünen und anderen Standorten an der Meeresküste, auch am Feldrand auf sandig-kiesigem kargem Boden. Auch in Kiesgruben und am Straßenrand breitet sich der Sanddorn aus.

Tipp Aufgrund des säulerlichen Geschmacks, wird Sanddorn nicht von allen Vögeln gefressen. Trocknen Sie die Früchte und mahlen Sie diese zu feinem Pulver und geben Sie es mit in den Futterbrei oder in das Eifutter.

Sanddorn ist eine der wenigen Pflanzen, die Vitamin B12 enthalten (fehlt üblichen Sämereien). Das rotgoldene Öl aus Kernen ist reich an ungesättigten Fettsäuren und eine sinnvolle Alternative zum Palmöl.

Geeignet für

Großpapageien	Großsittiche + Kleinpapageien	Wellensittiche	Kanarienvögel	Prachtfinken	Waldvögel + Finkenvögel	Ziergeflügel
✓	✓	✓			✓	✓

Vogelkirsche

Deutscher Name	**Vogelkirsche**
Weitere deutsche Namen	**Wildkirsche**
Wissenschaftlicher Name	***Prunus avium***
Blütezeit	**April bis Mai**
Fruchtreife	**Juli bis August**

Von der heimischen Vogelkirsche stammen die Süßkirschen ab. Während die Früchte der Süßkirschen sehr süß sind, sind die kleinen kugeligen Früchte der Vogelkirsche eher herb bis bittersüß. Sowohl der deutsche als auch der wissenschaftliche Name (avium von Avis, Vögel) weist daraufhin, wie beliebt die kleinen Wildkirschen bei Vögeln sind.

Auch die weißen nektarreichen duftenden Blüten, die zu vielen in Büscheln zusammenstehen, können Sie den Papageien reichen, am besten schneiden Sie dazu blühende Zweige ab.

Im Garten ist die Vogelkirsche ein hübscher mittelgroßer Baum, der zu allen Jahreszeiten attraktiv ist – im Frühling mit seinen duftenden Blüten, im Sommer mit den roten Früchten, im Herbst mit der prächtig orangen bis roten Färbung der Blätter und im Winter mit der runden Krone.

STANDORT	Die anspruchslose, robuste Vogelkirsche wünscht einen sonnig-hellen bis halbschattigen Platz auf tiefgründigem, frischem bis feuchtem Boden; auch das Klima in der Stadt macht ihr nichts aus
ANBAU	Der Herbst ist die beste Pflanzzeit
PFLEGE	Bei Trockenheit gießen, im Frühjahr mit Kompost düngen und allzu dicht beisammen stehende Zweige auslichten – mehr Pflege ist nicht nötig
ERNTE	Bei Reife sind die glänzenden Früchte der Vogelkirsche schwarzrot. Bei der Ernte müssen sie sich beeilen, sonst kommen Ihnen die heimischen Wildvögel zuvor – denen Sie natürlich genügend Wildkirschen als Nahrung hängen lassen.
LAGERN UND AUFBEWAHREN	Kirschen sind nicht lange lagerfähig und sollten frisch verzehrt werden
SAMMELN IN DER NATUR	Vogelkirschen kommen häufig in Gebüschen, Laub- und Mischwäldern vor, stehen aber meistens einzeln und verstreut. Sammeln Sie jedoch nur belaubte und unbelaubte Zweige, Blüten und Früchten von Bäumen, die fern von Straßenverkehr und mit Pflanzenschutzmitteln behandelten Feldern stehen!

Tipp Wenn Sie am Barbaratag (4.12.) Zweige der Vogelkirsche schneiden und im warmen Zimmer in Wasser stellen, öffnen sich an Weihnachten die Blüten – und ergeben eine Köstlichkeit für Ihre Vögel.

Geeignet für

Großpapageien	Großsittiche + Kleinpapageien	Wellensittiche	Kanarienvögel	Prachtfinken	Waldvögel + Finkenvögel	Ziergeflügel
✓	✓	✓			✓	✓

Weide

Deutscher Name	**Weide**
Wissenschaftlicher Name	***Salix-Arten***
Blütezeit	**März bis Mai**
Fruchtreife	**ab Juni**

Weiden sind meist große Bäume oder Sträucher, von denen die Salweide (*Salix caprea*), die Silberweide (S. alba) und die Korbweide (*S. viminalis*) am bekanntesten sind. Weil sie sehr früh im Jahr ihre pollen- und nektarreichen Kätzchenblüten öffnen, sind sie eine wichtige Nahrungsquelle für Hummeln, Bienen und andere früh fliegende Insekten. Die auffallend pelzigen Weidekätzchen sind die männlichen Blüten, die weiblichen sind unauffälliger, duften aber wegen des reichlichen Nektars nach Honig. Aus den weiblichen Blüten entwickeln sich weiße, langgestielte Kapseln mit großen Mengen an winzigen Samen – von diesen Samen ernähren sich nicht nur heimische Finkenvögel, sie können sie auch Kanarienvögel, Zebrafinken und anderen samenfressenden Ziervögeln anbieten.

Sie können Knospen, Blüten und Äste mit und ohne Blätter anbieten – schneiden Sie dazu frische Äste nach dem Bedarf ab, auch im Winter (Äste wie Barbarazweige zum Begrünen in die Vase stellen; nasse Astbereiche vor dem Verabreichen entfernen). Auch die Rinde wird von vielen Vögeln gern angenommen; sie enthält geringe Menge Salicin, ein natürliches Heilmittel gegen Schmerzen und Fieber. Erkundigen Sie sich in der Nachbarschaft, wann die

schnellwachsenden Weiden zurückgeschnitten werden – dann kommen Sie leicht an Nahrung für Ihre Vögel. Und wenn Sie einen guten Beitrag leisten möchten, pflanzen Sie eine Weide in Ihrem Garten: Silberweiden werden sehr groß und eignen sich nur für größere Gärten, Salweiden und Korbweiden bleiben kleiner. Für die Kultur im Kübel auf Balkon und Terrasse gibt es auch Hochstammweiden. Doch Vorsicht: Weiden bilden Unmengen an Samen, die überall leicht keimen – auch in Balkonkästen oder Regenrinnen, wo man sie nicht haben will. Nach diesen Keimpflänzchen müssen Sie Ausschau halten und sie schnellstmöglich entfernen!

STANDORT	Sonnig, bevorzugt auf feuchten, nährstoffreichen, humusreichen Böden
ANBAU	Der beste Pflanztermin ist der Herbst
PFLEGE	Anspruchslos, da sehr robust – Weiden sind sehr regenerationsstark, selbst bis auf den Boden zurückgeschnittene Stämme treiben wieder aus. Weiden vertragen jeden Schnitt und können durch Schneiden der Triebe (Ruten) in jegliche Form gebracht werden, das ist günstig für die Kultur im Topf.
ERNTE	Äste ganzjährig schneiden, Knospen von Herbst bis Spätwinter, Blüten in Maßen im Frühjahr
LAGERN UND AUFBEWAHREN	In der Vase halten Äste sehr lange Zeit; bieten Sie den Vögeln aber nur trockene Pflanzenteile an
SAMMELN IN DER NATUR	Da die Weidekätzchen als wichtige Insektennahrung im zeitigen Frühjahr unter Naturschutz stehen, dürfen Sie in der Natur während der Blütezeit keine Äste entnehmen.

Tipp Aus den biegsamen Ruten können Sie nicht nur Sitzstangen, Hängebrücken und Kletteräste für die Voliere, sondern auch viele andere Dinge basteln, mit denen sich Ihre Vögel beschäftigen können.

Geeignet für

Großpapageien	Großsittiche + Kleinpapageien	Wellensittiche	Kanarienvögel	Prachtfinken	Waldvögel + Finkenvögel	Ziergeflügel
✓	✓	✓	✓	✓	✓	✓

Weinrebe

Deutscher Name	**Weinrebe**
Weitere deutsche Namen	**Weintrauben, Tafeltrauben**
Wissenschaftlicher Name	***Vitis vinifera***
Blütezeit	**Juni bis Juli**
Fruchtreife	**ab September**

Die Weinrebe ist ein Strauch, der mit Sprossranken bis zu 20 Meter in die Höhe klettern kann. Daher kann man mit Weinreben Hauswände, Pergolen und Spaliere begrünen, auf Balkon und Terrasse genügt ein Balkongitter. Der Stamm der Weinrebe ist holzig, die Blätter bestehen aus drei bis fünf Lappen, die am Rand gezähnt sind. Die Weinrebe lässt sich auf verschiedenste Art und Weise verarbeiten. Aus den vergorenen Trauben entsteht Wein, aus dem Nebenprodukt ein Tresterschnaps (Grappa). Die Kerne liefern das wertvolle Traubenkernöl. Aber auch die Weinblätter haben eine besondere Bedeutung. Sie sind schon seit der Antike als Heilpflanze bekannt. Sie enthalten Flavonoide, die eine entzündungshemmende Wirkung haben. Daneben sind Gerbstoffe zu nennen, die bei Verdauungsstörungen helfen. Auch Weinblätter können die klassische Therapie nicht ersetzen, sehr wohl aber eine unterstützende Wirkung haben.

STANDORT

Weinreben wünschen einen vollsonnigen, warmen, vor Winden geschützten Platz (nach Süden gerichtete Wand) auf durchlässigem, nährstoffreichem Boden. Weinreben brauchen ein stabiles Rankgerüst mit einem Abstand von 15 – 20 cm zur Wand, an dem die Triebe emporklettern können.

ANBAU

Im Frühjahr oder Herbst wird die junge Weinrebe gepflanzt; informieren Sie sich beim Kauf der Pflanzen, wie tief sie im Boden sitzen muss; häufeln Sie die Erde um den Stamm herum an.

PFLEGE	Leiten Sie die Triebe zum Rankgerüst und binden Sie sie so daran fest, dass die Pflanze nicht abgeklemmt wird. Bedecken Sie die Erde um die Pflanze mit Laub, Rasenschnitt oder anderem organischem Mulchmaterial. Bei Trockenheit gießen, im Frühjahr mit Kompost düngen. Wichtig sind die jährlichen Schnittmaßnahmen im Februar ab dem zweiten Standjahr: Dabei entfernen Sie 80 – 90 % der einjährigen Triebe. Informieren Sie sich über den richtigen Schnitt im Gartencenter oder Baumschule. Bei der Kultur in einem großen Pflanzgefäß sollten Sie die Erde stets gut feucht halten, von Frühjahr bis Anfang August alle 3 – 4 Wochen organisch düngen. Sorgen Sie für einen guten Winterschutz, alle 3 – 5 Jahre in frische Erde umtopfen.
ERNTE	Da Trauben im landwirtschaftlichen Anbau durchaus auch mit Pflanzenschutzmitteln behandelt werden, bieten Sie Ihren Vögeln am besten nur Weinreben aus dem eigenen Garten an. Ernten Sie die Blätter vor allem im Herbst, wenn sie sich dunkelrot verfärbt haben.
LAGERN UND AUFBEWAHREN	Trauben halten bleiben bei Zimmertemperatur nicht lange frisch, im Kühlschrank halten sie sich ein paar Tage und werden etwa 1 Stunde vor dem Verköstigen der Vögel aus dem Kühlschrank geholt.
SAMMELN IN DER NATUR	Sammeln Sie keine Trauben in Weinbergen – abgesehen davon, dass dies ohnehin verboten ist, könnten die Pflanzen auch gerade mit giftigen Pflanzenschutzmitteln behandelt worden sein.

Tipp

Aufgrund des stark rankenden Charakters eignen sich Weinreben auch hervorragend zur Begrünung von Außenvolieren, wo sie gleichzeitig auch als Schattenspender dienen.
Haben Sie außerdem daran gedacht, dass man aus dem Holz des Rebstocks wunderbare Spielzeuge fertigen kann? An diesem Holz kann ihr Vogel knabbern und ist beschäftigt.
Bitte unterscheiden Sie zwischen Reben/Weinblättern auf der einen Seite und frischen Trauben sowie Rosinen auf der anderen Seite. Füttern Sie die beiden Letztgenannten nur in geringen Mengen. Neben einem hohen Zuckergehalt, enthalten Trauben einen toxischen Inhaltsstoff, der zum Nierenversagen führen kann. Reben und Weinblätter sind dagegen bedenkenlos zu füttern.

Geeignet für

Großpapageien	Großsittiche + Kleinpapageien	Wellensittiche	Kanarienvögel	Prachtfinken	Waldvögel + Finkenvögel	Ziergeflügel
✓	✓	✓			✓	✓

Weißdorn

Deutscher Name	**Weißdorn**
Weitere deutsche Namen	**Mehlbeere, Hagedorn, Heckendorn**
Wissenschaftlicher Name	***Crataegus laevigata, Crataegus monogyna***
Blütezeit	**Juni bis Juli**
Fruchtreife	**ab September**

Der heimische Weißdorn wächst zu einem 2 – 12 m hohen Strauch oder auch Baum, der im Herbst seine Blätter fallen lässt. Seine Äste sind mit bis zu 2,5 cm langen Dornen besetzt. Der Eingriffelige Weißdorn ist die häufigste Art bei uns, seine Früchte besitzen nur einen Steinkern. Aus den kleinen weißen Blüten entwickeln sich kugelige Früchte, die aus botanischer Sicht beerenartige Apfelfrüchte sind und bei Reife dunkelrot werden. Diese Früchte sind mehlig-trocken und mit säuerlich-herbem Geschmack. Wenn sie reif sind, können Sie diese anbieten, zum Beispiel als fruchttragender Zweig, von dem sich die Vögel die Früchte pflücken.

Weißdorn wächst in Laub- und Mischwäldern, im Gebüsch und Feldgehölz, am Wegrand und auf Schuttplätzen – oder in Ihrem Garten. Die Früchte bleiben auch über den Winter im Geäst hängen und sind für Amseln und andere Wildvögel eine begehrte Winterkost.

STANDORT	Weißdorn wünscht einen sonnigen bis halbschattigen Platz auf frischem bis feuchtem, nährstoffreichem Boden. Wind, Abgase und Stadtklima machen ihm nichts aus.
ANBAU	Pflanzen Sie den Weißdorn am besten im Herbst, Wurzeln gründlich wässern.
PFLEGE	Der Weißdorn ist sehr anspruchslos, er übersteht auch trockene Phasen im Sommer, muss nicht gedüngt werden und lässt sich beliebig zurückschneiden. Daher eignet er sich auch gut als Heckenpflanze, die guten Schutz vor Wind bietet.
ERNTE	Zweige mit Früchten sollten Sie erst dann abschneiden, wenn die Früchte rot und reif sind. Entfernen Sie die Dornen, bevor Sie die Äste reichen.
LAGERN UND AUFBEWAHREN	Aus den Weißdornfrüchten wurde früher in Notzeiten Mehl gewonnen – sie halten sich aber dennoch nicht so lange frisch. Länger haltbar sind sie nach dem Trocknen (in der Sonne, an der Heizung oder im Backofen bei 50 °C trocknen lassen) – probieren Sie aus, ob Ihre Vögel auch die getrockneten Früchte annehmen.
SAMMELN IN DER NATUR	Beim Sammeln müssen Sie unbedingt vorsichtig vorgehen, damit Sie sich an den langen Dornen nicht verletzen. Tragen Sie daher am besten robuste Gartenhandschuhe.

Tipp Die Blätter und Blüten enthalten in hohen Mengen Flavonoide. Diese Pflanzeninhaltsstoffe haben die Eigenschaft, mit Metallen wie z. B. Zink oder Blei sogenannte Komplexverbindungen einzugehen. Auf diesem Grund wird der Weißdorn in der Naturheilkunde bei Vergiftungen mit Schwermetallen eingesetzt.

Geeignet für

Großpapageien	Großsittiche + Kleinpapageien	Wellensittiche	Kanarienvögel	Prachtfinken	Waldvögel + Finkenvögel	Ziergeflügel
✓	✓	✓	✓	✓	✓	✓

Wildrosen

Deutscher Name	**Wildrosen**
Weitere deutsche Namen	**Hundsrose, Heckenrose**
Wissenschaftlicher Name	***Rosa canina***
Blütezeit	**Juni bis August**
Fruchtreife	**ab September**

Die Hundsrose ist die bekannteste unter den heimischen Wildrosen, weitere heimische Arten sind die Essigrose (Rosa gallica), die Wein- oder Schottische Zaunrose (R. rubiginosa, siehe Foto) und die Vielblütige Rose (R. multiflora). Wildrosen haben einen buschigen Wuchs mit sehr stacheligen Zweigen, aus den hübschen, oft duftenden einfachen Blüten bilden sich zum Herbst hin die typischen Hagebutten. Unter der fleischigen orangen bis roten Schale befinden sich unzählige „Kernchen", die Samen der Wildrosen. Diese Hagebutten enthalten reichlich Vitamin C und andere Vitamine (Provitamin A, B-Vitamine, E und K), außerdem wichtige Mineralstoffe – und stellen daher eine wertvolle Nahrung für Papageien und Sittiche dar. Bieten Sie den Vögeln halbierte Hagebutten an, aus denen sie sich die Kerne selbst herausklauben können. Getrocknete Hagebutten werden meist nicht angenommen. Damit sich die Vögel nicht an den Stacheln verletzen, sollten Sie nur Hagebutten ohne Zweige anbieten.

Hagebutten können Sie in der freien Natur sammeln oder im eigenen Garten: Die robusten, recht pflegeleichten Wildrosen gedeihen auch im Kübel auf Balkon und Terrasse, wenn es dort sonnig warm ist und man sie den Winter über mit Reisig, Strohmatten oder speziellem Schutzfilz schützt.

STANDORT	Sonnig warm an luftigem Platz mit durchlässigem, nährstoffreichem Boden
ANBAU	Die beste Pflanzzeit für Rosen ist Oktober und November, Sie können auch im Frühjahr pflanzen
PFLEGE	Bei längerer Trockenheit gründlich wässern, im Frühjahr mit Kompost düngen. Dann lichten Sie bei den Wildrosen auch zu dicht wachsende Zweige aus.
ERNTE	Sammeln Sie nur reife Früchte, auch nach dem ersten Frost. Dann sind sie noch weicher, was Papageien mögen. Seien Sie beim Sammeln vorsichtig, damit Sie sich nicht an den Stacheln verletzen!
LAGERN UND AUFBEWAHREN	Hagebutten halten sich bei Zimmertemperatur ein paar Tage lang – länger haltbar sind sie im Kühlschrank oder sogar eingefroren.
SAMMELN IN DER NATUR	Hunds- und andere Wildrosen finden Sie häufig am Waldrand, auf Hängen und in Hecken. Verzichten Sie auf das Sammeln von Hagebutten entlang von Bahndämmen, denn das Gleisbett wird mit starken Pflanzenschutzmitteln gespritzt. Hagebutten können Sie nicht mit anderen Wildfrüchten verwechseln und da alle Hagebutten essbar sind, müssen Sie auch nicht die genaue Rosenart bestimmen.

Tipp Die Beeren der Pflanze eignen sich auch hervorragend zum Basteln bzw. Herstellen von Beschäftigungslösungen (Vogelspielzeug). Reihen Sie die Früchte z. B. auf einen Draht auf, schließen Sie diesen in einem Ring und lassen die Früchte trocknen. Weitere Anregungen finden Sie im Ratgeber "Kreative Beschäftigung für Papageien, Sittiche & Co." von Jennifer Gekeler, ISBN 978-3-945440-42-1 (24,90 Euro), erhaltlich bei www.arndt-verlag.de/shop oder bestellung@arndt-verlag.de.

Geeignet für

Großpapageien	Großsittiche + Kleinpapageien	Wellensittiche	Kanarienvögel	Prachtfinken	Waldvögel + Finkenvögel	Ziergeflügel
✓	✓					

Blumen, Gräser & Kräuter

Die heimische Flora ist reich an Blütenpflanzen und Gräsern, deren Blüten und vor allem die darin gebildeten Samen wertvolle Vogelnahrung ist. Diese Blumen und Gräser können Sie in der Natur sammeln, allerdings mit Bedacht, denn auch die heimischen Wildtiere – Vögel, Kleinsäuger, Insekten – sind auf diese lebensnotwendigen Nahrungsquellen heutzutage mehr denn je angewiesen. Darum ist der bessere Weg, wenn diese Pflanzen in Ihrem Garten, auf Ihrem Balkon und Terrasse gedeihen – dort können Sie leicht ernten, wissen um die Qualität der Pflanzenteile und bieten vielleicht sogar noch ein wenig den hiesigen Tieren an.

Ampfer

Deutscher Name	**Ampfer**
Weitere deutscher Namen	**Sauerampfer, Großer Ampfer, Mönchsrhabarber**
Wissenschaftlicher Name	***Rumex*-Arten**
Blütezeit	**Mai bis August**
Fruchtreife	**ab Juli**

Ampfer sind ausdauernde Knöterichgewächse. Unter den heimischen Ampferarten sind der Sauerampfer (auch Großer Ampfer, Wiesen-Sauerampfer Rumex acetosa), der Krause Ampfer (*R. crispus*) und der Stumpfblättrige Ampfer (*R. obtusifolius*) am weitesten verbreitet. Sie fallen vor allem durch die hohen, verästelten viele andere Blumen und Gräser überragenden Stängel auf, an denen blättchenähnliche rote oder grüne Blüten sitzen. Für Papageien, Sittiche sind die halbreifen Samen eine bereichernde Nahrung. Möglicherweise sind die Samen auch heilwirksam, denn Extrakte aus ihnen zeigten Wirkungen gegen Bakterien.

Die bis zu 1,5 m hohen Ampfer gedeihen vor allem auf Wiesen, Weiden, am Wegrand, Bach- und Flussufer, können aber auch im Garten angebaut werden.

Tipp

Entfernen Sie die Blätter, bevor Sie die samentragenden Stängel Ihren Vögeln anbieten – sie enthalten zwar reichlich Vitamin C, aber vor alle auch schädliche Oxalsäuren.

STANDORT	Ampfer gedeiht am sonnigen bis halbschattigen Platz auf tiefgründigem, feuchten Boden.
ANBAU	Saatgut vom Sauerampfer erhalten Sie im gut sortierten Gartencenter oder Saatgutversand, Saatgut der anderen Ampferarten müssen Sie in der Natur sammeln (ab Juli, dazu die Samen an der Pflanze ausreifen lassen, über den Winter trocken lagern). Von Mitte März bis Juli wird Ampfer ausgesät (Lichtkeimer, Samen nur mit wenig Sand bedecken), bei Aussaat im Sommer blüht er allerdings erst im folgenden Jahr. Wenn die Pflänzchen 5 – 10 cm hoch sind, sollten Sie die schwächsten entfernen.
PFLEGE	Anspruchslos, bei Trockenheit gießen
ERNTE	Wenn die rötlichen oder grünlichen Blüten verblühen, bilden sich die Samen. Der beste Erntezeitpunkt ist, wenn sie noch grünlich sind. Bei Reife werden sie rötlich braun bis braunschwarz.
LAGERN UND AUFBEWAHREN	Halbreife Samen enthalten noch Feuchtigkeit und eignen sich nur für den Frischverzehr. Nur reife, trockene Samen können trocken gelagert werden, zum Beispiel in beschrifteten Briefumschlägen oder Papierfrühstückstüten.
SAMMELN IN DER NATUR	Da Weidevieh die säuerlichen, oxalsäurehaltigen Blätter des Sauerampfers meiden, bleiben die schlanken, hohen Pflanzen oft auf den abgeweideten Flächen stehen. Die einzelnen Ampferarten sind nicht leicht voneinander zu unterscheiden – das macht aber nichts, denn Sie können die Samen aller Ampfer anbieten. Den Sauerampfer erkennen Sie an den pfeilförmigen Blättern im unteren Stängelbereich, dessen spitze, nach unten gerichtete Enden den Stängel umfassen. Die Blattränder des Krausen Ampfers sind gewellt (im Gegensatz zum ähnlichen Knäuelblütigen Ampfer mit glatten Blatträndern). Typisch für den Stumpfblättrigen Ampfer sind die recht breiten Blätter mit stumpfer Spitze und fast herzförmigem Grund.

Geeignet für

Großpapageien	Großsittiche + Kleinpapageien	Wellensittiche	Kanarienvögel	Prachtfinken	Waldvögel + Finkenvögel	Ziergeflügel
✓	✓	✓	✓	✓	✓	✓

Baldrian

Deutscher Name	**Baldrian**
Weitere deutscher Namen	**Echter Baldrian, Echter Arzneibaldrian**
Wissenschaftlicher Name	***Valeriana officinalis***
Blütezeit	**Mai bis August**
Samenreife	**September**

Der heimische Baldrian ist als Heilpflanze bekannt, deren Wurzeln beruhigende und schlaffördernde Substanzen enthalten. Ihren Vögeln können Sie die heranreifenden Samen anbieten. Baldrian wächst auf feuchten Wiesen, in feuchten Wäldern und am Ufer von Teichen, Flüssen und anderen Gewässern, wenn es dort wenigstens 6 Stunden am Tag sonnig ist. Er ist eine stattliche Pflanze, die bis zu 2 m hoch wird. Die grünen, gefiederten Laubblätter werden bis zu 20 cm lang. An den Enden der runden, längsgefurchten Stängel erscheinen die weißen bis zartrosa Blüten, die zu vielen in büscheligen Schirmrispen beisammenstehen. Mit zunehmender Reife der Blüte verschwinden dunkelrote Zeichnungen, die bestäubende Insekten zum Zentrum der Blüte leiten. Aus den Blüten entwickeln sich winzige Nüsschenfrüchte, die bei Reife einen federigen Borstenkranz tragen.

STANDORT	Am besten ist ein sonniger bis lichtschattiger Platz. Der Boden sollte tiefgründig, locker und nährstoffreich sein, im günstigsten Fall ein nährstoffreicher Sumpfboden.
ANBAU	Im gut sortierten Garten- oder Kräutercenter und im Saatguthandel können Sie das Saatgut kaufen – oder Sie sammeln die reifen Samen direkt in der Natur. Von März bis Juni wird Baldrian direkt am vorgesehenen Platz ausgesät (Lichtkeimer, Samen nur ganz dünn mit Sand bedecken). Entfernen Sie alle schwächlichen Jungpflanzen, sodass die einzelnen Pflanzen genügend Abstand zueinander haben.
PFLEGE	Anspruchslos, für ständig feuchten Boden sorgen
ERNTE	Am besten ganze Schirmrispen mit noch nicht ganz reifen Samen abschneiden
LAGERN UND AUFBEWAHREN	Nur reife, vollständig trockene Samen können an einem trockenen, dunklen Ort aufbewahrt werden.
SAMMELN IN DER NATUR	Den Echten Baldrian können Sie mit keiner heimischen Pflanze verwechseln, die Blüten verströmen einen süßlichen Duft. Mit einer maximalen Höhe von 30 cm ist der Kleine oder Sumpfbaldrian deutlich kleiner.

Tipp

Baldrian gedeiht auch im Garten – im günstigsten Fall können Sie ihm einen Gartenteich bieten, in dessen feuchter Uferzone er wachsen darf. Da er sehr groß wird, sollten Sie ihn als Pflanze für den Hintergrund wählen.

Die Valeriansäure im Baldrian hat eine leicht beruhigende Wirkung, weshalb der Einsatz in der Praxis z. B. bei aggressiven Amazonen erfolgt. Es kann zudem einige Tage vor stressigen Situationen gereicht werden (z. B. vor Transporten oder Tierarztbesuchen).

Geeignet für

Großpapageien	Großsittiche + Kleinpapageien	Wellensittiche	Kanarienvögel	Prachtfinken	Waldvögel + Finkenvögel	Ziergeflügel
✓	✓	✓	✓	✓	✓	✓

Basilikum

Deutscher Name	**Basilikum**
Weitere deutsche Namen	**Basilikenkraut, Basilie**
Wissenschaftlicher Name	***Ocimum basilicum***
Blütezeit	**Juni bis September**
Fruchtreife	**ab Juli**

Basilikum duftet edel, intensiv würzig – darauf weist sein botanischer Name hin („königlich duftend“). Da Basilikum aus dem tropischen Indien stammt und nicht aus Italien, wie man gern vermutet, braucht er viel Wärme, um zu gedeihen. Von Basilikum gibt es viele Sorten, die allermeisten werden einjährig kultiviert – das ist auch am einfachsten. Da Basilikum im Topf am hellen Fenster das ganze Jahr über kultiviert werden kann, können Sie auch im Winter ernten.

Basilikum enthält neben Vitamin A und C vor allem ätherische Öle, Gerbstoffe und Flavonoide. Diesen verdankt Basilikum seine verdauungsfördernde, blähungstreibende, entzündungshemmende und krampflösende Wirkung. Eines der ätherischen Öle ist Estragol – es steht nach Tierversuchen im Verdacht, in hohen Dosen krebserzeugend und erbgutschädigend zu wirken. Bieten Sie daher Blätter und Stiele nur in kleinen Mengen an. Neuere Studien weisen darauf hin, dass Basilikum möglicherweise das Immunsystem anregt und entspannend wirkt.

STANDORT	An sonnig-warmem, geschütztem Platz auf gleichmäßig feuchtem, humusreichem, durchlässigem Boden
ANBAU	Ab März Saatgut in Schalen auf der Fensterbank aussäen, Saatgut nur leicht andrücken und nicht mit Erde bedecken (Lichtkeimer), gut feucht halten, aber nicht nass, rasche Keimung; sobald die ersten Blättchen erscheinen, stärkste Jungpflanzen einzeln oder zu wenigen mit ausreichend Abstand zueinander in Töpfe setzen; nach den Eisheiligen (Mitte Mai) ins Freie auspflanzen oder im Topf belassen.
PFLEGE	Regelmäßig gießen und Boden stets gleichmäßig feucht halten, Staunässe unbedingt vermeiden; im Freien auf Schneckenbefall achten und ggfs. absammeln
ERNTE	Ganze Triebe mit Blättern ernten, frisch anbieten
LAGERN UND AUFBEWAHREN	Basilikum kann portionsweise eingefroren werden. Er eignet sich nicht zum Trocknen, weil er dann sein Aroma verliert.
SAMMELN IN DER NATUR	Da Basilikum nicht wild in der freien Natur vorkommt, erübrigt sich das Sammeln.

Tipp

Damit Basilikum schön buschig wächst, brechen Sie am besten die Blütenansätze an den Trieben ab, sobald diese erscheinen. Dann steckt die Pflanze ihre Kraft in die Bildung von Blätter und nicht von Blüten.

Sie können zur Abwechslung frisches Basilikum statt Petersilie in das Eifutter schneiden. Das getrocknete Basilikum kann auch in das Aufzuchtfutter gemischt oder über Obst gestreut werden. Getrocknet ist es in Schraubgläsern lange lagerfähig.

Geeignet für

Großpapageien	Großsittiche + Kleinpapageien	Wellensittiche	Kanarienvögel	Prachtfinken	Waldvögel + Finkenvögel	Ziergeflügel
✓	✓	✓	✓	✓	✓	✓

Brennnessel

Deutscher Name	**Brennnessel**
Weitere deutscher Namen	**Große Brennnessel**
Wissenschaftlicher Name	***Urtica dioica***
Blütezeit	**Juli bis Oktober**
Samenreife	**ab August**

Brennnesseln sind nicht nur für Menschen eine gesunde Kost und wichtige Raupenfutterpflanze, sie bietet auch Ihren Vögeln einiges zum Verspeisen. Die jungen Blätter und Triebe der Brennnessel sind reich an Vitaminen und Mineralstoffen, die halbreifen und reifen Samen enthalten viel Eiweiß und Vitamine.

Je nach Standortbedingungen erreichen die mehrjährigen Brennnesseln eine Höhe von 30 – 150 cm, ihre Wurzeln reichen bis zu 70 cm tief. Sie wachsen oft auf überdüngten Stellen wie Weg- und Waldränder, Wiesen, auch an „Schmuddelplätzen“ in Siedlungen, an denen sie große dichte Bestände bilden können. Außer in der Natur können Sie Brennnesseln auch im Garten und sogar auf Balkon und Terrasse anbauen; da sich die Brennnessel gern an zusagenden Stellen stark ausbreitet, sollten Sie sie auch in einer abgelegenen Gartenecke (etwa in Kompostplatznähe) in einen Kübel pflanzen, den Sie dann im Erdreich versenken.

STANDORT Lichter Schatten auf eher feuchtem, nährstoffreichem Boden ist der ideale Platz für Brennnesseln

ANBAU Im Frühjahr teilen Sie mithilfe eines Spatens ein topfgroßes Stück einer frisch austreibenden Brennnessel mit dem Wurzelstock ab. Dabei müssen Sie unbedingt Gartenhandschuhe tragen. Nachdem Sie längere Wurzeln abgekappt haben und die komplette Pflanze kräftig zurückgeschnitten haben, topfen Sie sie in ein größeres Pflanzgefäß ein. Gut angießen. Nun können Sie den Topf an zusagender Stelle im Erdboden bodeneben eingraben oder auf Balkon und Terrasse stellen.

PFLEGE Regelmäßig gießen, damit der Boden stets feucht ist. Den im Gartenboden versenkten Topf können Sie über den Winter draußen lassen, auf Balkon und Terrasse stellen Sie ihn an einen geschützten Platz.

ERNTE Von März bis Mai werden die jungen Blätter und Triebenden mit einer Schere abgeschnitten (Gartenhandschuhe tragen!), die Samen (ohne Brennhaare), sobald sie halbreif (ab Juli) oder reif (ab August) sind.

LAGERN UND AUFBEWAHREN	Nur reife, trockene Samen können gelagert werden
SAMMELN IN DER NATUR	Sammeln Sie nur junge Brennnesselblätter und -triebe sowie Samen an Plätzen, die fern von Hundegassistrecken und verkehrsreichen Straßen liegen. Auch dort, wo es intensiv nach Urin riecht, sollten Sie auf das Sammeln verzichten. Die Große Brennnessel kann mit der Kleinen Brennnessel (U. urens) verwechselt werden, die bis zu 60 cm hoch wird und deren Blätter stets kürzer als 5 cm sind. Das macht aber nichts, denn auch diese Pflanze können Sie Ihren Vögeln anbieten.

Tipp

Brennnessel gehören zu den calciumreichen Futterpflanzen. Sie eignen sich daher in Ergänzung zu üblichen Sämereimischungen (in der Regel sind diese calciumarm!). Die natürlichen Inhaltsstoffe der Pflanze sind zudem harntreibend, weshalb die Blätter aber auch der Tee zur Unterstützung bei Nierenerkrankungen des Vogels gegeben werden können. Hier gilt selbstverständlich: Die Verabreichung ersetzt im Fall einer Erkrankung der Nieren eine Konsultation eines vogelkundigen Tierarztes nicht. Der Brennnesselsud unterdrückt außerdem Schimmelwachstum, weshalb er in der Herstellung von Keimfutter von Vorteil ist.

Auf den Blättern und Stängeln sitzen dicht an dicht Brennhaare, die bei Berührung abbrechen und zu einer spitzen Kanüle werden, die Giftstoffe in die Wunde injizieren. Damit sich die Vögel nicht an diesen Nesselhaaren verletzen, legen Sie die Brennnesseln vor dem Anbieten unter ein Küchentuch und rollen Sie mit dem Wellholz mehrmals kräftig darüber. Oder Sie übergießen die Pflanzenteile mit heißem Wasser.

Geeignet für

Großpapageien	Großsittiche + Kleinpapageien	Wellensittiche	Kanarienvögel	Prachtfinken	Waldvögel + Finkenvögel	Ziergeflügel
✓	✓	✓	✓	✓	✓	✓

Gänseblümchen

Deutscher Name	**Gänseblümchen**
Weitere deutscher Namen	**Maßliebchen, Tausendschön, Margritli**
Wissenschaftlicher Name	***Bellis perennis***
Blütezeit	**Januar bis November**
Fruchtreife	**ab Mai**

Gänseblümchen sind sehr bekannt, sehr häufig und weit verbreitet – sie wachsen auf Rasenflächen in Gärten, Parks und am Wegrand sowie auf Wiesen. Fast das ganze Jahr über an schönen, trockenen Tagen öffnen die nur 5 – 15 cm hohen Gänseblümchen ihre kleinen margeritenähnlichen Blütenköpfchen mit den gelben Röhrenblüten im Zentrum, die von einem Kranz weißer Zungenblüten umrahmt sind. Die spatelförmigen Blätter bilden eine Rosette, die flach am Boden anliegt.

Knospen und junge, nur halb geöffnete Blüten haben ein feineres Aroma als voll geöffnete, die bitter werden und dann nicht mehr so gern von Papageien und Sittichen angenommen werden. Auch die Blätter und die kleinen Früchte (Samen), die sich in den verblühenden Blüten bilden, können Sie Ihren Vögeln anbieten.

Wenn bislang noch keine Gänseblümchen in Ihrem Rasen wachsen, können Sie sie leicht dort verbreiten. Gänseblümchen macht das Mähen nichts aus, sie wachsen einfach weiter und bilden neue Blüten. Auch in Pflanzgefäßen auf Balkon und Terrasse gedeihen diese hübschen Pflanzen.

STANDORT	Gänseblümchen bevorzugen sonnig-warme Plätze, etwa auf Rasenflächen. An den Boden hat es keine besonderen Ansprüche
ANBAU	Sie können Gänseblümchen von Mai bis Juli aussäen. Da es ein Dunkelkeimer ist, ziehen Sie vor der Aussaat eine etwa 1 cm tiefe Furche in den Boden, in die Sie das Saatgut streuen – Furche mit Erde füllen, gut angießen. Saatgut gibt es im Gartencenter, wählen Sie keine Zuchtsorten mit gefüllten, pomponähnlichen Blüten, sondern wählen Sie die natürliche Art mit einfach gefüllten Blüten. Oder Sie besorgen sich Gänseblümchen in Töpfchen und pflanzen diese in den Erdboden, zum Beispiel in den Rasen. Dazu stechen Sie ein passendes Pflanzloch in den Rasen, lösen die Pflanze samt Wurzelballen aus dem Töpfchen und setzen es in das Pflanzloch, mit Erde auffüllen, Wurzelwerk gut andrücken und gründlich gießen.
PFLEGE	Anspruchslos, bei Trockenheit gießen und im Frühjahr mit Kompost düngen
ERNTE	Knospen, halb geöffnete Blüten, Samen und Blätter können Sie fast das ganze Jahr über frisch ernten; schneiden Sie die gewünschten Pflanzenteile mit einem Messer ab
LAGERN UND AUFBEWAHREN	Gänseblümchen sind für den frischen Verzehr, nur die reifen, trockenen Samen können Sie lagern
SAMMELN IN DER NATUR	Sammeln Sie jegliche Pflanzenteile der Gänseblümchen nur an „sauberen" Plätzen, also fern von Hundegassistrecken und verkehrsreichen Straßen.

Tipp Pflücken Sie ein Sträußchen Gänseblümchen und binden es in die Voliere zum Selbstbedienen. Oder mischen Sie halb geöffnete Blütenköpfchen unter klein geschnittenes Obst und Gemüse.

Geeignet für

Großpapageien	Großsittiche + Kleinpapageien	Wellensittiche	Kanarienvögel	Prachtfinken	Waldvögel + Finkenvögel	Ziergeflügel
✓	✓	✓	✓	✓	✓	✓

Weißer Gänsefuß

Deutscher Name	**Weißer Gänsefuß**
Weitere deutscher Namen	**Weiß-Gänsefuß, Ackermelde, Falschmelde**
Wissenschaftlicher Name	***Chenopodium album***
Blütezeit	**Juli bis September**
Fruchtreife	**ab August**

Der Weiße Gänsefuß ist ein sehr häufiges, weit verbreitetes Wildkraut, das besonders gut auf stickstoffhaltigen Böden wächst. Als einjährige Pflanze schließt es während eines Sommers seine komplette Entwicklung ab. Es bildet Unmengen an Samen, die bis zu 6 Jahre im Boden überdauern können.

Die aufrechtstehenden, stumpfkantigen Stängel verzweigen sich und erreichen Höhen von bis zu 1,5 m. Die lang gestielten Blätter sehen unterschiedlich aus – typisch ist aber, dass die ganze Pflanze zunächst mehlig bestäubt ist. Die kleinen, unscheinbaren grünlichen Blütchen stehen zu vielen an den Triebenden in ährigen Rispen. Aus ihnen entwickeln sich nussige Samen, die zu vielen in knäuligen Fruchtständen stehen – pro Pflanze können es mehr als 20 000 Samen sein. Schon im grünen Zustand mögen viele Vögel, auch heimische Finken, diese Samen – wenn Sie sie Ihren Vögeln anbieten möchten, müssen Sie sich beeilen.

Wenn Sie an Saatgut des Riesen-Gänsefuß (Chenopodium giganteum) gelangen, können Sie auch diesen aussäen, ab April direkt im Freien. Dieser amerikanische Verwandte des heimischen Weißen Gänsefuß wird bis zu 2 m hoch; junge Blätter können Sie ebenfalls wie Spinat („Baum-Spinat“) verzehren, die nussigen Samen mögen viele Vögel.

STANDORT	Am sonnigen bis halbschattigen Platz auf lockerem, feuchtem, stickstoffhaltigem und humusreichem Boden, auch auf sandigen Böden
ANBAU	Säen Sie das Saatgut ab Ende März bis Mai direkt im Beet aus in Reihen mit einem Reihenabstand von 30 cm, möglichst an eher kühlen Tagen – das fördert die Keimung.
PFLEGE	Anspruchslos und pflegeleicht
ERNTE	Schon die grünen Fruchtstände können geerntet werden
LAGERN UND AUFBEWAHREN	Die nussigen, trockenen Samen können Sie in einem trockenen Gefäß aufbewahren.
SAMMELN IN DER NATUR	Als heimisches Wildkraut kommt der Weiße Gänsefuß nicht nur am Wegrand, sondern auch auf Feldern vor, vor allem auf solchen, wo Sommergetreide, Zuckerrüben, Mais oder Kartoffeln angebaut werden. Sammeln Sie aber nur dort, wo der Gänsefuß nicht mit Pflanzenschutzmitteln in Kontakt kam. Auch am Straßenrand sollten Sie das Sammeln bleiben lassen. Besser geeignet zum Sammeln sind Pflanzen auf Schutt- und Ödplätzen oder im Garten.

Tipp

Den Weißen Gänsefuß können Sie wie Spinat anbauen. Die jungen Blätter ernten Sie als schmackhaften Spinatersatz – danach lassen Sie die Pflanze weiterwachsen, aufblühen und Fruchtstände als Futter für Ihre Vögel bilden.

Gänsefuß enthält viele ätherische Öle, die eine harntreibende Wirkung besitzen und daher bei nierenkranken Vögeln zur Unterstützung eingesetzt werden können. Dies ersetzt natürlich auf keinen Fall den Besuch beim vogelkundigen Tierarzt.

Geeignet für

Großpapageien	Großsittiche + Kleinpapageien	Wellensittiche	Kanarienvögel	Prachtfinken	Waldvögel + Finkenvögel	Ziergeflügel
✓	✓	✓	✓	✓	✓	✓

Getreide: Hafer, Hirse und Co.

„Körner“ gehören aufgrund ihres Nährstoffgehalts zu den Lieblingsspeisen vieler Vögel, daher sind Körnermischungen typisches Vogelfutter. Selbst gezogen bieten Getreide noch einen weiteren Vorteil: Die frisch gekeimten Körner (Keimsprossen; auf Schimmel achten, keine schimmeligen Körner anbieten) und grünen Blätter sind bei vielen Vögeln genauso beliebt – und wenn Sie Weizen, Hafer und anderes Getreide in kleinen Töpfen anbauen, können die Vögel das frische Grün je nach Bedarf selbst abzupfen. Vögel lieben auch Ähren mit halbreifen (milchreifen) Körnern.

Auswahl an Getreiden

Amaranth	kein echtes Getreide, sondern Fuchsschwanzgewächs; Fruchtstände mit halbreifen oder reifen Samen in Maßen anbieten; auch gepoppter Amaranth ist beliebt
Buchweizen	kein echtes Getreide, sondern Knöterichgewächs; halbreife oder reife Nüsschenfrüchte am besten frisch gekeimt als Sprossen, in Maßen anbieten
Dinkel, Grünkern	Ähren mit halbreifen oder reifen Körnern, am besten als Keimsprossen, unbedenklich
Hafer	Rispen mit halbreifen oder reifen Körnern; im Büschel angeboten haben die Vögel viel zu tun, um die einzelnen Haferkörner zu finden, schälen und verzehren (daher geeignet als Beschäftigung)
Kolbenhirse	Rispen mit halbreifen oder reifen Körnern, auch als Keimsprossen, jedoch nur ein- oder zwei mal in der Woche in kleineren Mengen
Weizen	Ähren mit halbreifen oder reifen Körnern, auch gequollen oder als Keimsprosse

ANBAU	Säen Sie von Februar bis in den Herbst hinein jeweils eine halbe Handvoll Weizenkörner in einen Topf mit Erde aus, Erde gut feucht halten – sobald die grünen Halme ein paar Zentimeter hoch gewachsen sind, können Sie sie anbieten. Lassen Sie das Getreide in einigen Pflanzgefäßen auswachsen, sodass Sie die halbreifen oder sogar reifen Ähren als Futter ernten können.
LAGERN UND AUFBEWAHREN	Ähren mit halbreifen, noch grünen Körnern können eingefroren oder getrocknet werden.
SAMMELN IN DER NATUR	Verzichten Sie auf das Sammeln von Getreideähren auf dem Feld – Sie wissen nicht, wie das Getreide in Bezug auf Pflanzenschutzmittel behandelt wurde.

KEIMSPROSSEN SELBST GEMACHT

Frisch gekeimte Körner enthalten wichtige Vitamine, sind allerdings auch leicht verderblich! Darum sollten Sie stets nur kleine Mengen (z.B. ein Teelöffel täglich) keimen lassen, die von den Vögeln auch tatsächlich innerhalb eines Tages verzehrt werden. Schimmelige Keimsprossen dürfen Sie Ihren Vögeln nicht anbieten. Tritt Schimmel auf, so müssen Sie die ganze Portion gekeimter Körner entsorgen! Besorgen Sie Körner und Keimsaaten zum Sprossen (z.B. Mungbohnen) möglichst in Bio-Qualität.

So geht's:

1. Körner gründlich mit handwarmem Wasser waschen
2. Über Nacht (!) mit Wasser bedeckt in einem Schälchen quellen lassen
3. Am nächsten Morgen Wasser abschütten, Körner nochmals waschen und gut abtropfen lassen, dann in ein rostfreies Sieb geben und an einen hellen Platz stellen
4. Abends und morgens Wasser über die Körner im Sieb laufen lassen
5. Nach 2 – 3 Tagen keimen die Körner – nochmals gründlich waschen und sofort als Mahlzeit anbieten, z.B. zusammen mit frischen Kräutern.

Hinweis Beachten Sie bitte, dass Körner allein keine ausreichende Ernährung für Ziervögel darstellen (Mangel an Calcium, Natrium, Vitaminen wie z.B. Vitamin A) und daher stets ergänzt werden müssen.

Geeignet für

Großpapageien	Großsittiche + Kleinpapageien	Wellensittiche	Kanarienvögel	Prachtfinken	Waldvögel + Finkenvögel	Ziergeflügel
✓	✓	✓	✓	✓	✓	✓

Gräser

Deutscher Name	**Gräser**
Weitere deutscher Namen	**Süßgräser**
Wissenschaftlicher Name	***Gramineae***
Blütezeit	**Juni bis August**

Unter den Gräsern gibt es in der Familie der Süßgräser, zu denen auch wichtige Getreide wie Hafer und Weizen gehören, gibt es zahlreiche heimische Arten, die hervorragende Vogelnahrung darstellen. Diese Gräser besitzen einen meist runden, hohlen Halm mit länglichen oder linealischen Blättern und kleinen Ährchenblüten, die am Ende des Halms in größeren Ähren oder Rispen beisammenstehen. Diese unauffälligen Blüten locken keine Insekten an, sondern werden vom Wind bestäubt. Nach der Bestäubung bilden sie Samen, die im milchreifen oder ausgereiften Zustand eine nahrhafte Kost sind.

Gräser können Sie in der freien Natur sammeln oder Sie pflanzen eine kleine Auswahl an verschiedenen Gräsern in Ihrem Garten. Viele Gräser gedeihen auch in Pflanzgefäßen auf Balkon und Terrasse. Da Gräser einjährige Pflanzen sind, müssen Sie sie jährlich erneut aussäen oder genügend Samen an Ort und Stelle belassen, sodass sie sich selbst aussäen können.

Tipp Bieten Sie den Vögeln die Halme mit den Samenständen an – dann sind die Vögel so wie in der Natur damit beschäftigt, die Samen aus den Hüllen zu pulen. Sie können die Samen auch unters Futter mischen oder über Gemüse und Obst streuen.

Diese Gräser eignen sich als Vogelkost

Borstenhirse	*Setaria pumila, S. viridis,* wächst am Feldrand und in Weinbergen
Drahtschmiele	*Deschampsia flexuosa*, in Wäldern
Flughafer	*Avena fatua,* am Ackerrand
Glatthafer	Französisches Raygras, *Arrhenatherum elatius*, vor Gebüschen, an Wegrändern und Böschungen
Hühnerhirse	*Echinochloa crus-galli,* auf feuchten Böden in Gärten, an Wegrändern und Jauchegruben
Knäuelgras	*Dactylis glomarata,* auf Wiesen, an Wegrändern
Quecke	*Elymus repens,* lästiges Unkraut im Garten
Rispengras	*Poa annua, P. pratensis,* eines der häufigsten Gräser an Wegrändern, in Gärten, Äckern, auf Wiesen
Trespe	Bromus-Arten, Wiesen-Trespe, Aufrechte Trespe, Weiche Trespe, an Wegrändern, auf Äckern, in Gärten
Wald-Flattergras	*Milium effusum*, in Wäldern
Wiesen-Fuchsschwanz	*Alopecurus pratensis*, auf Wiesen
Wiesen-Lieschgras	*Phleum pratense*, auf Wiesen, Weiden, am Wegrand
Wolliges Honiggras	*Holcus lanatus*, auf feuchten Wiesen und Weiden
Zittergras	*Briza media*, auf mageren Wiesen und Weiden

STANDORT	Sonnig bis halbschattig auf normalem Gartenboden oder bei der Kultur in Töpfen Blumenerde, unter die Sie Sand im Verhältnis 1 zu 1 gemischt haben
ANBAU	Aussaat im Frühjahr, danach Erde feucht halten
PFLEGE	Gräser sind anspruchslos und pflegeleicht, sie vertragen auch Trockenheit
ERNTE	Am besten ernten Sie noch halbreife Samenstände, wenn diese noch grün sind – sobald die Samen braun und reif werden, fallen sie bei vielen Gräsern rasch heraus.
LAGERN UND AUFBEWAHREN	Trockene Samen können Sie an einem trockenen Ort lange lagern und Sie zum Beispiel auch für eigene Aussaaten nutzen
SAMMELN IN DER NATUR	Sammeln Sie keine Gräser entlang von verkehrsreichen Straßen, am Rand von Mais- und ähnlichen Feldkulturen und auch nicht dort, wo viel Hundekot anfällt.

Geeignet für

Großpapageien	Großsittiche + Kleinpapageien	Wellensittiche	Kanarienvögel	Prachtfinken	Waldvögel + Finkenvögel	Ziergeflügel
	✓	✓	✓	✓	✓	✓

Hirtentäschel

Deutscher Name	**Hirtentäschel**
Weitere deutsche Namen	**Hirtentäschelkraut**
Wissenschaftlicher Name	***Capsella bursa-pastoris***
Blütezeit	**Januar bis Dezember**
Fruchtreife	**Januar bis Dezember**

Das Hirtentäschel ist eine robuste heimische Wildpflanze, die eher unscheinbar ist. Sie kann das ganze Jahr über keimen. Zunächst erscheinen die schmalen Blätter mit dem gezähnten Blattrand als bodenständige Rosette. Bald erheben sich darüber die bis zu 40 cm langen, Blütenstiele mit den kleinen, weißen Blütchen im doldigen Blütenstand. Während oben am Stängelende stets neue Blütchen erscheinen, bilden sich unten am Stängel schon die ersten herzförmigen Schötchenfrüchte. Jedes Schötchen enthält unzählige winzige Samen, pro Pflanze können es bis zu 20 000 sein. Als einjährige Pflanze schließt das Hirtentäschel üblicherweise seine Entwicklung über Samenbildung innerhalb weniger Monate ab. Nur Pflänzchen, die im Herbst und milden Winter keimen, blühen meist erst im Folgejahr.

Viele Finkenvögel, Sittiche und andere verzehren gern die Schötchenfrüchte des Hirtentäschels. Sie picken sie gezielt von den Stängeln und lassen die restliche Pflanze übrig. Hirtentäschel enthält sehr viel Vitamin C. Zudem regen verschiedene Inhaltsstoffe die Darmtätigkeit an und fördern die Verdauung.

STANDORT	Am sonnigen bis halbschattigen Platz auf jedem Boden, bevorzugt auf magerem, nährstoffarmem Boden
ANBAU	Säen Sie ab Ende März bis in den Mai hinein direkt im Freien auf der vorgesehenen Fläche das Saatgut aus, am besten in einer kühleren Wetterperiode (fördert die Keimung)
PFLEGE	Anspruchslos und pflegeleicht, hin und wieder gießen
ERNTE	Schneiden Sie nach der Blüte die früchtetragenden Stängel mit einer Schere ab, solange die herzförmigen „Täschel"-Früchte schon dick und fest, aber noch grün bis rötlich sind. Gebunden zu einem kleinen Strauß bieten Sie sie an.
LAGERN UND AUFBEWAHREN	Die trockenen Früchte platzen rasch auf und geben die wertvollen Samen frei. Daher ist das Hirtentäschel weniger gut zum Lagern und Aufbewahren geeignet. Da es aber das ganze Jahr über blüht und das ganze Jahr über Früchte bildet, sollte es stets genügend Frisches zu ernten geben.
SAMMELN IN DER NATUR	Hirtentäschel wächst auf Feldern, Schutt-, Brach- und Schotterflächen, in Gärten und an Wegrändern. Auf frisch brachliegenden Flächen gehört es zu den ersten Pflanzen, die dort wachsen. Sammeln Sie nur an Plätzen, an denen dieses Kraut weder mit Pflanzenschutzmitteln noch mit Kraftfahrzeugabgasen belastet ist. Da reife gelbe „Täschel"-Früchte rasch aufplatzen, sollten Sie Triebe nur mit solchen in grünem Zustand ernten. Sollten die Triebe mit Blattläusen befallen, macht das nichts!

Tipp Im Herbst ist das Hirtentäschel oftmals von einem weißlichen Pilzrasen überzogen – diese Pflanzen dürfen Sie auf keinen Fall ernten!

Neben Calcium enthält die Pflanze ätherische Öle und Gerbstoffe, welche die Verdauung fördern.

Geeignet für

Großpapageien	Großsittiche + Kleinpapageien	Wellensittiche	Kanarienvögel	Prachtfinken	Waldvögel + Finkenvögel	Ziergeflügel
✓	✓	✓	✓	✓	✓	✓

Huflattich

Deutscher Name	**Huflattich**
Weitere deutscher Namen	**Eselslattich, Brustlattich, Ackerlatsche, Rosshuf, Fohlenfuß, Sandblümel, Quirinkraut**
Wissenschaftlicher Name	***Tussilago farfara***
Blütezeit	**März bis April**
Fruchtreife	**April**

Der Huflattich gehört zu den ersten Pflanzen, die im zeitigen Frühjahr ihre gelben, aus Röhren- und Zungenblütchen bestehenden Blütenköpfe öffnen. Diese stehen einzeln an den Enden filziger, mit eiförmigen Schuppenblättern besetzter Stängel, die 7 – 20 cm hoch werden. Grüne Blätter können Sie zur Blütezeit nicht entdecken, diese erscheinen erst später im Jahr, wenn die Blüten verblüht sind. Aus den Blütenköpfchen entwickelt sich ein pelziger Fruchtstand (Achäne mit kleinen Nussfrüchten), der an die Pusteblume des Löwenzahns erinnert.

Dank der frühen Blühzeit können Sie mit dem Huflattich Ihren Vögeln schon im zeitigen Frühjahr Frisches bieten – die karotinhaltigen Blütenköpfe; kurz darauf die samenhaltigen Fruchtstände. Wenn Sie Huflattich nicht in der Natur sammeln möchten, dann pflanzen Sie ihn doch einfach in Ihren Garten – auch in Töpfen auf Balkon und Terrasse gedeiht der anspruchslose, pflegeleichte Huflattich. Da Huflattich dazu neigt sich stark mit Ausläufern auszubreiten, sollten Sie ihn besser in einem Pflanzgefäß kultivieren, das Sie in den Gartenboden versenken.

STANDORT	Huflattich wünscht einen sonnigen bis halbschattigen Platz auf gleichmäßig feuchtem Boden. Auf Balkon und Terrasse sollten Sie den Huflattich besser nicht in die volle Sonne stellen, denn dort trocknet der Boden rasch aus – und das mag der Huflattich gar nicht.
ANBAU	Saatgut bekommen Sie bei manchen Saatguthändlern, besser sammeln Sie die Samen selbst, indem Sie einen trockenen, reifen Fruchtstand entfernen und bis zum Frühjahr an einem trockenen Platz (Briefumschlag, Beschriftung nicht vergessen) aufbewahren. Im Frühjahr säen Sie die Samen aus, die wenige Tage später schon keimen. Oder Sie graben eine Huflattichpflanze aus (ggfs. vorher Besitzer um Erlaubnis fragen) und pflanzen Sie in ein Pflanzgefäß.
PFLEGE	Pflegeleicht, Boden stets gut feucht halten
ERNTE	Während der Blütezeit können Sie fortlaufend einzelne Blüten ernten, ebenso die sich bald darauf bildenden Fruchtstände
LAGERN UND AUFBEWAHREN	Nur die trockenen, reifen Fruchtstände können gelagert werden
SAMMELN IN DER NATUR	Huflattich gedeiht am Straßen- und Wegrand, auf Bahndämmen und Schuttplätzen – aber nicht überall sollten Sie ihn auch sammeln. Ernten Sie die Blüten- und Samenköpfe nur an verkehrsfernen und hundekotfreien Plätze.

Tipp Da die Stängel und Blätter schwach giftig sind, dürfen Sie Ihren Vögeln nur die Blütenköpfe und pusteblumenähnlichen Fruchtstände (mit Samen) anbieten. Knipsen oder zwicken Sie diese stets vorm Verabreichen vom Stängel ab.

Geeignet für

Großpapageien	Großsittiche + Kleinpapageien	Wellensittiche	Kanarienvögel	Prachtfinken	Waldvögel + Finkenvögel	Ziergeflügel
✓	✓	✓	✓	✓	✓	✓

Klee

Deutscher Name	**Klee**
Weitere deutscher Namen	**Rotklee, Wiesenklee**
Wissenschaftlicher Name	***Trifolium pratense***
Blütezeit	**Juni bis September**
Fruchtreife	**ab Juli**

Neben dem Rot- oder Wiesenklee (siehe Foto) gibt es noch viele weitere wichtige Kleearten, die als Futterpflanzen für Vieh angebaut werden wie der Weißklee (*Trifolium repens*) oder Inkarnatklee (*T. incarnatum)* oder die wichtige Gründüngungspflanzen sind wie der Alexandriner Klee (*T. alexan- drinum*). In der Natur wachsen sie auch auf Wiesen und Weiden.

Typisch für alle Kleearten sind die namengebenden dreiteiligen Blätter, die aus kleinen Schmetterlingsblüten aufgebauten Blütenstände und die Eigenschaft mittels Wurzelknöllchen Stickstoff aus der Luft als natürlicher Dünger zu binden.

Als Nahrung für Vögel eignen sich junge, eiweißreiche Blättchen, die so ähnlich wie Erbsen schmecken und die Sie in Maßen anbieten dürfen, sowie die samenhaltigen Hülsenfruchtstände, die sich aus den Blüten entwickeln.

Klee ist in der Natur eine überaus häufige Pflanze, die Sie leicht entdecken können. Sie können Klee aber auch im Garten oder im Pflanzgefäß auf Balkon und Terrasse säen.

STANDORT	Sonnig bis lichtschattig und ein durchlässiger, nährstoffreicher Boden – das ist der optimale Platz für Klee
ANBAU	Das Saatgut erhalten Sie in Gartencentern, landwirtschaftlichen Märkten und im Saatguthandel. Ausgesät wird von März bis Mai oder im Juli/August. Da Klee ein Dunkelkeimer ist, säen Sie ihn am besten in 1 – 2 cm tiefen Rillen aus. Gut angießen.
PFLEGE	Anspruchslos, bei Trockenheit gießen
ERNTE	Ernten Sie fortlaufend die jungen, frischen Blättchen, am gehaltsvollsten sind sie vor der Blütezeit. Nach dem Abblühen bilden sich die Samen in den kleinen, bräunlichen Hülsenfrüchten, die Sie im ganzen Fruchtstand abpflücken.
LAGERN UND AUFBEWAHREN	Klee wird frisch verzehrt
SAMMELN IN DER NATUR	Klee sind leicht als solche erkennbar, können aber natürlich untereinander verwechselt werden – schließlich gibt es zahlreiche rot-, gelb- und weißblühende Arten. Dies ist aber nicht tragisch, denn Ziervögeln können Sie getrost auch deren junge Blättchen (eiweißreich) und Samenstände (fett- und eiweißreich) reichen. Sammeln Sie jedoch Pflanzenteile nur an sauberen Stellen fern von Straßenverkehr und Hundekot.

Tipp

Klee ist nicht nur calcium- sondern auch eiweißreich, so dass er während der Aufzucht von Jungvögeln sowie in der Mauser von Vorteil ist. Die sekundären Pflanzeninhaltsstoffe (Flavonoide) entlasten aufgrund ihrer antiviralen Wirkung das Immunsystem.

Weißklee ist ein zu Unrecht unbeliebtes Rasenunkraut. Wenn Sie die heranreifenden Fruchtstände pflücken und Ihren Vögeln reichen, können sich keine Samen ausbreiten und neue Kleepflänzchen bilden.

Geeignet für

Großpapageien	Großsittiche + Kleinpapageien	Wellensittiche	Kanarienvögel	Prachtfinken	Waldvögel + Finkenvögel	Ziergeflügel
✓	✓	✓	✓	✓	✓	✓

Knöterich

Deutscher Name	**Wiesen-Knöterich**
Weitere deutscher Namen	**Schlangen-Wiesenknöterich, Schlangen-Knöterich, Gemeiner Knöterich, Schlangenwurz, Rote Natterwurz**
Wissenschaftlicher Name	***Bistorta officinalis, Polygonum bistorta***
Blütezeit	**Mai bis Juli**
Fruchtreife	**August bis September**

Schon von Weitem fallen im Sommer die rosaroten, bis zu 2 cm dicken, walzenförmigen Blütenstände des Wiesenknöterichs auf, die am Ende der unverzweigten Stängel stehen. Jeder Blütenstand besteht aus unzähligen duftenden Blütchen. Aus den Blütchen entwickeln sich im Lauf des Sommers kleine harte dreikantige Nussfrüchte (Samen) – sie sind bei vielen körnerfressenden Vögeln (Sittiche etc.) beliebt, sowohl im unreifen grünen als auch im reifen braunen Zustand.

Der heimische ausdauernde Wiesenknöterich wird bis zu 1 m hoch – er braucht unbedingt einen feuchten bis nassen Boden, auch im Garten etwa im Uferbereich eines Gartenteichs. Dort, wo es ihm zusagt,

bildet er gern dichte, große Bestände.
Außer dem Wiesenknöterich gibt es noch weitere Knöteriche, dessen Samen gern von Vögeln gefressen werden. Dazu gehören:

- Floh-Knöterich (Pfirsichblättriger Knöterich, Persicaria maculosa, Polygonum persicaria, verbreitetes Wildkraut auf Getreidefeldern und Schuttplätzen, in Gärten und feuchten Straßengräben)
- Vogel-Knöterich (Polygonum aviculare, heimisches Wildkraut an Wegrändern, in Rissen von Weg- und Straßenbelägen)
- Ampfer-Knöterich (Ampferblättriger Knöterich, Persicaria lapathifolia, auf nassen Böden am Ufer, in Gräben und schlammigen Wildkrautbeständen)

STANDORT	Sonniger bis halbschattiger Platz auf eher kühlem, feuchtem bis nassem, nährstoffreichem Boden
ANBAU	Im zeitigen Frühjahr oder Herbst direkt im Freien aussäen, zum Keimen müssen die Samen Kälte ausgesetzt sein
PFLEGE	Pflegeleicht und anspruchslos, Boden stets gut feucht halten
ERNTE	Wenn die Nussfrüchte reif sind, mit der Schere Stängel mit den Fruchtständen abschneiden
LAGERN UND AUFBEWAHREN	Die vollständig trockenen Nussfrüchte können in einer Papiertüte (Frühstückstüte) aufbewahrt werden
SAMMELN IN DER NATUR	Wiesenknöterich wächst auf nassen Wiesen, entlang der Ufer von Gewässern und im Auwald. Dort bildet er dichte Bestände, in denen sie im ausgehenden Sommer Fruchtstände mit reifen Nussfrüchten (Samen) sammeln können. Bedenken Sie bei der Wahl des Schuhwerks, dass der Boden ziemlich nass sein kann.

Tipp **Der Knöterich ist reich an Mineralstoffen. Neben Calcium ist insbesondere Eisen zu erwähnen, welches für die Bildung der roten Blutkörperchen (Sauerstofftransport) im Vogelorganismus erforderlich ist.**

Geeignet für

Großpapageien	Großsittiche + Kleinpapageien	Wellensittiche	Kanarienvögel	Prachtfinken	Waldvögel + Finkenvögel	Ziergeflügel
✓	✓	✓	✓	✓	✓	✓

Kohl-Gänsedistel

Deutscher Name	**Kohl-Gänsedistel**
Weitere deutscher Namen	**Gemüse-Gänsedistel**
Wissenschaftlicher Name	***Sonchus oleraceus***
Blütezeit	**Juni bis Oktober**
Fruchtreife	**ab Juli**

Die Kohl-Gänsedistel ist ein heimisches Wildkraut, das in Gärten, auf Äckern und Feldern als Unkraut zählt. Diese einjährige Pflanze wächst am Wegrand, entlang von Mauern, auf Feldern, Schutt- und Brachflächen und auch in Gärten. Sie wird bis zu 1 m hoch, besitzt einen dicken hohlen Stängel, aus dem bei Verletzungen Milchsaft austritt. Die länglichen Blätter mit dem spitz gezähnten Blattrand sehen stachelig aus, fühlen sich aber weich und nicht stechend an – ein wichtiges Merkmal zur Bestimmung dieser Gänsedistelart. An den Stängelenden sitzen die gelben Blütenkörbchen zu vielen in einer Rispe beisammen. Nach dem Verblühen bilden sich daraus pusteblumenähnliche Fruchtstände mit kleinen Nussfrüchten, die einen weißen Haarkranz besitzen.

Diese Nussfrüchte sind nicht nur bei heimischen Vögeln wie dem Stieglitz auf dem Foto beliebt, sondern auch bei Sittichen, Zebrafinken und anderen exotischen Finkenvögeln. Schneiden Sie einfach eine Rispe

mit mehreren Fruchtständen ab, damit sich Ihre Vögel daran bedienen können. Und weil die heimischen Wildvögel dringend auf jegliche feine Samennahrung angewiesen sind, sammeln Sie die Kohl-Gänsedistel am besten nicht in der freien Natur, sondern bauen sie wie früher dieses Wildkraut in Ihrem Garten als Gemüse für sich und Futter für Vögel an.

STANDORT	Sonnig bis halbschattig auf frischem, nährstoffreichen Boden
ANBAU	Als einjährige Pflanze muss die Kohl-Gänsedistel jedes Jahr frisch ausgesät werden – das Saatgut sammeln Sie entweder selbst oder besorgen es bei einem gut sortierten Saatguthändler. Von Frühjahr bis zum Herbst streuen Sie zur Aussaat die Samen aus und bedecken sie nur ganz dünn mit Sand (Lichtkeimer).
PFLEGE	Sobald die kleinen Pflänzchen erscheinen regelmäßig gießen, sonst anspruchslos und pflegeleicht
ERNTE	Fortlaufend Fruchtstände einzeln oder als ganze Rispe, im Frühjahr junge Blätter
LAGERN UND AUFBEWAHREN	Die trockenen Fruchtstände an einem trockenen Ort lagern
SAMMELN IN DER NATUR	Neben der Kohl-Gänsedistel gibt es noch zwei weitere Gänsedistelarten bei uns – die mehrjährige Acker- und die einjährige Raue Gänsedistel (*Sonchus arvensis, Sonchus asper*). Da diese beiden Pflanzen als leicht giftig eingestuft werden, sollten Sie diese von der Kohl-Gänsedistel unterscheiden können – und zwar daran: Beide Arten besitzen derbe Blätter mit stechend dornig gezähnten Rändern. Wenn Sie nicht sicher sind, fassen Sie einfach die Blätter an – sind sie zwar gezähnt, aber weich und nicht stechend dornig, dann ist es eine Kohl-Gänsedistel.

Tipp Ihren Vögeln können Sie auch mit Blattläusen besetzte Fruchtstände anbieten, die einen zusätzlichen Leckerbissen darstellen – und auch die Blätter der Kohl-Gänsedistel sind ein beliebtes Grünfutter.

Geeignet für

Großpapageien	Großsittiche + Kleinpapageien	Wellensittiche	Kanarienvögel	Prachtfinken	Waldvögel + Finkenvögel	Ziergeflügel
✓	✓	✓	✓	✓	✓	✓

Kressen

Deutscher Name	**Brunnenkresse / Kapuzinerkresse**
Wissenschaftlicher Name	***Nasturium officinalis / Tropaeolum majus***
Blütezeit	**Mai bis Juli / Juni bis zum Frost**
Fruchtreife	**September bis Oktober / ab August**

Mit ihren würzigen, vitaminreichen Blättern, Blüten und Samen sind Kressen bei Sittichen und anderen Vögeln sehr beliebt. Zwei verschiedene Kressen bieten sich an:
Die ausdauernde winterharte bis zu 50 cm hohe Brunnenkresse ist eine Wasserpflanze. Für den Anbau benötigen Sie einen Standort, an dem die Wurzeln immer im Wasser stehen können. Um zu blühen, reduzieren Sie etwas die Wassermenge. Die zartrosaweißen Blütchen stehen zu vielen in lockeren Blütentrauben, daraus entwickeln sich bis zu 2 cm längliche Schotenfrüchte mit bis zu 60 Samen, die in zwei Reihen stehen.

Die blühfreudige einjährige Kapuzinerkresse stammt aus Ecuador, Peru und Bolivien. Es gibt rankende und niedrige Sorten. Raschwüchsig bildet sie lange Triebe mit kreisrunden Blättern, über denen sich die großen Blüten in leuchtenden Gelb-, Orange- und Rottönen erheben. Aus den Blüten bilden sich Früchte, die reif in drei große Samen zerfallen.

STANDORT	Brunnenkresse: Am sonnigen bis schattigen Platz auf nassem Boden mit hoher Luftfeuchtigkeit; ideal ist ein Gartenteich oder unter einem tropfenden Wasserhahn Kapuzinerkresse: Am vollsonnigen bis hellen, windgeschützten Platz auf normalem Boden
ANBAU	Brunnenkresse: Im Frühjahr oder September in Schale mit sehr feuchter Erde aussäen, Saatgut nicht bedecken (Lichtkeimer) Kapuzinerkresse: Ab Mai direkt im Freien oder im Pflanzgefäß aussäen; dazu die recht großen Samen fingertief in gut durchlässigen Boden stecken; rankende Sorten benötigen ein Rankgerüst oder hängen über ein Geländer oder Pflanzgefäß herab
PFLEGE	Anspruchslos und pflegeleicht; Brunnenkresse über den Winter mit Laub abdecken, Kapuzinerkresse regelmäßig gießen
ERNTE	Brunnenkresse: Fortlaufend Blätter, Blüten und Schotenfrüchte ernten, auch über den Winter Kapuzinerkresse: Fortlaufend Blätter, Blüten und Früchte bis zum Frost, auch von Blattläusen befallene Pflanzenteile können Sie unbesorgt ernten und den Vögeln anbieten
LAGERN UND AUFBEWAHREN	Blätter, Blüten und Früchte können eingefroren aufbewahrt werden
SAMMELN IN DER NATUR	Beides erübrigt sich mangels Vorkommen: Brunnenkresse kommt in der freien Natur nur zerstreut an Bächen, Gräben und Quellen mit klarem, kühlem, fließendem Wasser vor, Kapuzinerkresse wächst nur in Gärten.

Tipp

Kressen sind reich an Beta-Catorin (Vorstufe des Vitamin A) und damit wertvoll für die Fruchtbarkeit und Eiproduktion (Eidotter ist reich an Beta-Carotin) während der Brutzeit.

Brunnenkresse gedeiht auch in einem Pflanzgefäß: Stellen Sie es einfach in einen mit Wasser gefüllten Übertopf, so dass die Wurzeln stets im Wasser stehen. Da Brunnenkresse frisches Wasser liebt, wechseln Sie einmal in der Woche das Wasser komplett aus. Am kühlen, aber frostfreien Platz überwintern.

Geeignet für

Großpapageien	Großsittiche + Kleinpapageien	Wellensittiche	Kanarienvögel	Prachtfinken	Waldvögel + Finkenvögel	Ziergeflügel
✓	✓	✓	✓	✓	✓	✓

Lavendel

Deutscher Name	**Lavendel**
Weitere deutscher Namen	**Echter Lavendel**
Wissenschaftlicher Name	***Lavandula angustifolia***
Blütezeit	**Juni bis September**
Fruchtreife	**ab August**

Lavendel ist ein fein herb-würzig duftender Halbstrauch, der aus dem Mittelmeerraum stammt. Er wächst buschig, besitzt schmale silbergraugrüne Blätter, die auch im Winter an den Stängeln bleiben. Jährlich treiben lange Blütenstiele aus, an deren Enden zahlreiche kleine blauviolette Lippenblüten in schlanken Ähren beisammenstehen. Für Papageien und Sittiche schneiden Sie solche Zweige mit Blättern und Blüten ab und bieten diese den Vögeln zum Selbstbedienen an. Nach dem Verblühen bilden sich die kleinen bräunlichen Nussfrüchte mit den Samen, die ebenfalls als Vogelnahrung geeignet sind.

Lavendel wächst bei uns nicht in der freien Natur, Sie können ihn aber im Garten und auch in Kübeln und anderen Pflanzgefäßen auf Balkon und Terrasse kultivieren.

STANDORT	Gemäß seiner mediterranen Herkunft wünscht Lavendel einen sonnig-warmen, windgeschützten, eher trockenen Platz, etwa vor einer Südwand. Mit magerem, nährstoffarmem Boden kommt der Lavendel gut zurecht.
ANBAU	Fertige Lavendelpflanzen erhalten Sie in fast jedem Gartencenter. Diese können Sie im Frühjahr auspflanzen – und zwar unbedingt in mageren Boden. Um den Nährstoffgehalt im Boden zu reduzieren, mischen Sie Sand unter die Gartenerde Sand. Sie können Lavendel auch aussäen: Saatgut erhalten Sie ebenfalls im Gartencenter. Säen Sie die Samen im Februar/März in eine Aussaatschale (nährstoffarme Aussaaterde verwenden, Lichtkeimer – Saatgut nur ganz dünn mit Sand abdecken) aus, die Sie im Zimmer auf die Fensterbank stellen. Erde stets feucht halten, nach etwa 4 Wochen keimen die Samen. Ab Mitte Mai werden die kräftigsten Jungpflänzchen ins Freie gepflanzt. Oder Sie säen in der zweiten Maihälfte direkt ins Freiland.
PFLEGE	Im Frühjahr schneiden Sie alle Triebe um ein Drittel zurück, dann düngen Sie alle 2 – 3 Jahre den Boden ein wenig. Im Herbst bedecken Sie den Lavendel mit Reisig als Winterschutz, Lavendel auf Balkon und Terrasse stellen Sie über den Winter in einen kühlen, hellen Raum (ungeheizter Wintergarten).
ERNTE	Fortlaufend Blätter und Blüten, im Spätsommer reife Fruchtstände
LAGERN UND AUFBEWAHREN	Die trockenen, reifen Fruchtstände können Sie lagern, die Blütenstände eignen sich auch zum Einfrieren. Vor dem Verabreichen auftauen und gut abtrocknen lassen.

Tipp Das im Lavendel enthalten Cineol besitzt eine antibakterielle Wirkung und verbessert die Lungenfunktion. Aus diesem Grund ist der Einsatz bei Vögeln mit Aspergillose empfehlenswert. Dies ersetzt natürlich nicht die Therapie oder den vogelkundigen Tierarzt!

Geeignet für

Großpapageien	Großsittiche + Kleinpapageien	Wellensittiche	Kanarienvögel	Prachtfinken	Waldvögel + Finkenvögel	Ziergeflügel
✓	✓				✓	✓

Löwenzahn

Deutscher Name	**Löwenzahn**
Weitere deutscher Namen	**Gewöhnlicher Löwenzahn, Kuhblume, Pusteblume**
Wissenschaftlicher Name	***Taraxacum officinale***
Blütezeit	**April bis Juli**
Fruchtreife	**ab Mai**

Der Löwenzahn gehört sicherlich zu den bekanntesten Pflanzen unserer heimischen Flora. Er ist anspruchslos, anpassungsfähig und breitet sich auf Wiesen, Weiden, Feldern, Rasenflächen und am Wegrand aus, auch da ihm häufiges Mähen nichts ausmacht. Rasch bildet der Löwenzahn nach dem Mähen neue gelbe Blütenkörbchen aus unzähligen Zungenblüten, und auch unbestäubte Blüten können Samen (eigentlich Nussfrüchte) mit einem Haarkranz am langen Stiel bilden, die in der typischen Pusteblume zu vielen beisammenstehen. Wegen der „wie ein Löwe“ gezähnten Blätter kam der Löwenzahn zu seinem Namen, der hohle Stängel enthält einen weißen Milchsaft. Für Vögel ist der Löwenzahn, ähnlich wie für uns Menschen, eine gesunde Nahrungspflanze. Knospen, junge, voll aufgeblühte und welkende Blüten sowie die Samen können Sie tagtäglich anbieten, vielleicht als kleiner Blumenstrauß zum Selbstbedienen. Bei den Blättern sollten Sie langsam die Darreichungsmenge steigern.

Löwenzahn wächst an vielen Stellen, an denen Sie ihn wegen möglicher Schadstoffe besser nicht sammeln – daher bietet sich der Anbau im Garten an. Für die Kultur auf Balkon und Terrasse müssen Sie wegen der Wurzel mindestens 30 cm tiefe Pflanzgefäße wählen. Als mehrjährige Pflanze überdauert der Löwenzahn den Winter als lange Pfahlwurzel, aus der er jährlich neu austreibt. Zudem vermehrt er sich über die Samen, sofern Ihre Vögel welche übrig lassen.

STANDORT	Sonnig bis halbschattig auf tiefgründigem, lockerem, nährstoffreichem Boden
ANBAU	In gut sortierten Wildkräutersaatguthandlungen erhalten Sie Saatgut vom Löwenzahn oder Sie sammeln die Samen selbst: Dazu stülpen Sie eine Papiertüte (Frühstücksbeutel aus Papier) über eine Pusteblume und schneiden den Fruchtstand ab, in der Tüte fertig trocknen lassen, Tüte beschriften und an einem trockenen Ort lagern. Im April/Mai oder im September säen Sie die Samen aus: Ziehen Sie dazu eine 1 cm tiefe Furche in den Boden, in die Sie die Samen streuen; Samen leicht andrücken, Furche mit Erde bedecken und gut angießen; Erde nun stets gut feucht halten, nach 2 – 3 Wochen erscheinen die jungen Pflänzchen.
PFLEGE	Löwenzahn ist anspruchslos und pflegeleicht; bei Trockenheit muss gegossen werden
ERNTE	Die jungen Blätter im Frühling sind besonders schmackhaft, im Lauf des Sommers werden sie immer bitterer. Blüten fortlaufend während der Blütezeit, Fruchtstände mit Samen sofort nach Erscheinen.
LAGERN UND AUFBEWAHREN	Blüten und Blätter für den Frischverzehr, Blätter auch in getrockneter Form, trockene Samen halten sich länger
SAMMELN IN DER NATUR	Pflücken Sie keinen Löwenzahn am Straßenrand und auf gedüngten Wiesen, auch nicht dort, wo Hunde spazieren gehen

Tipp **Dem Löwenzahn ähnlich sind der Wiesenpippau (Crepis biennis) und der Wiesenbocksbart (*Tragopogon pratensis*), von denen Sie ebenfalls Blätter, Blüten und Fruchtstände Ihren Vögeln anbieten können – vorausgesetzt, Sie erkennen diese Wiesenblumen eindeutig! Da der Löwenzahn sehr calciumreich ist, stellt er eine wertvolle Ergänzung zu üblichen Sämereien-Mischungen (calciumarm) dar.**

Geeignet für

Großpapageien	Großsittiche + Kleinpapageien	Wellensittiche	Kanarienvögel	Prachtfinken	Waldvögel + Finkenvögel	Ziergeflügel
✓	✓	✓	✓	✓	✓	✓

Mädesüß

Deutscher Name	**Mädesüß**
Weitere deutscher Namen	**Echtes Mädesüß, Rüsterstaude, Bacholde**
Wissenschaftlicher Name	***Filipendula ulmaria***
Blütezeit	**Juni bis August**
Fruchtreife	**ab Oktober**

Das heimische Mädesüß ist eine ausdauernde Pflanze, die bis zu 1,5 m hoch wird. Sie braucht nassen, nährstoffreichen Boden. Im Sommer öffnen sich an den Enden der aufrechten Seitenzweige traubige Dolden aus kleinen, weißen duftenden Blüten. Dabei sind stets kleine Gruppen der Blüten geöffnet, während andere noch im Knospenstadium verweilen. Nach dem Verblühen entwickeln sich aus jeder Blüte 6 – 8 winzige, sichelförmig gebogene Nüsschen, die umeinander verwickelt sind und wie eine Frucht aussehen. In jedem Nüsschen sitzt ein nur 1 mm großer Samen. Diese Nüsschen sind beliebt bei allen Vögeln, die sich von feinen Samen ernähren, wie etwa viele Finken.

Der Name dieser heimischen Wildpflanze stammt möglicherweise davon ab, dass sie im Mittelalter zum Süßen und Aromatisieren von Honigwein (Met) diente – sozusagen Metsüße lieferte.

STANDORT	Am sonnigen bis halbschattigen Platz auf sehr feuchtem bis nassem Boden
ANBAU	Von Februar bis April oder im Spätsommer an feuchten Plätzen direkt im Freien aussäen
PFLEGE	Anspruchslos und pflegeleicht, Boden stets gut feucht halten
ERNTE	Nach der Blütezeit die Dolden mit den unreif grünen bis reif braunen Samen abschneiden
LAGERN UND AUFBEWAHREN	Das häufige Mädesüß wächst auf nassen Wiesen, in Gräben, am Ufer von Bächen, Quellen und Flüssen, in Auwäldern. Meist sind diese Standorte unbelastet, sodass Sie sie unbedenklich sammeln können.

Tipp

Die wirksamen Inhaltsstoffe befinden sich in den Blüten. Es handelt sich um Vorstufen der Salicylsäure, die - wenn auch etwas schwächer - ähnlich wie das Schmerzmittel Acetylsalicylsäure (z. B. in Aspirin) wirkt. Mädesüß hat demnach eine leicht antientzündliche Wirkung!

Da die reifen Nüsschen lange an der Pflanze verweilen, mitunter sogar bis zum Frühjahr, und weder abfallen noch vom Wind verweht werden, können Sie die Samendolden einfach an der Pflanze belassen und den ganzen Winter über stets portionsweise abschneiden.

Geeignet für

Großpapageien	Großsittiche + Kleinpapageien	Wellensittiche	Kanarienvögel	Prachtfinken	Waldvögel + Finkenvögel	Ziergeflügel
✓	✓	✓	✓	✓	✓	✓

Wilde Malve

Deutscher Name	**Wilde Malve**
Weitere deutscher Namen	**Große Käsepappel**
Wissenschaftlicher Name	***Malva sylvestris***
Blütezeit	**Juni bis September**

An sonnigen Wegrändern und brachliegenden Flächen mit trockenen Böden gedeiht die hübsche mehrjährige Wilde Malve. Ihren zweiten deutschen Namen verdankt sie den kleinen Früchten, die an einen Käselaib erinnern. Wilde Malven erreichen Wuchshöhen von bis zu 1 m. An den rau behaarten Stängeln sitzen die rundlichen bis nierenförmigen gelappten Blätter sowie die rosavioletten bis purpurfarbenen Blüten, deren Staubblätter zu einer Säule verwachsen sind – das gibt den Blüten ein wenig das Äußere einer Satellitenschüssel.

Neben dieser Malvenart gibt es noch weitere, die bei uns wachsen: Dazu gehören die Wegmalve (*Malva neglecta*, bis zu 50 cm hoch, ein- bis zweijährig, mit hellrosa Blüten), die Moschusmalve (*M. moschata*, bis zu 80 cm hoch, mehrjährig, mit großen rosa Blüten) sowie die Rosenmalve (Sigmarskraut, *M. alcea,* bis zu 1,2 m hoch, mehrjährig, mit blassrosa bis purpurroten Blüten). Von all diesen Malvenarten können Sie Papageien und Sittichen kleine Mengen der oft nitratreichen Blüten sowie die schleimhaltigen Früchte, die sich nach dem Verblühen im Zentrum der Blüte befinden, anbieten.
Malven gedeihen im Garten genauso gut wie in einem Pflanzgefäß auf Balkon und Terrasse.

STANDORT	Sonnig-warm, vor Winden geschützt (etwa vor einer Hauswand) auf nährstoffreichem, durchlässigem Boden – das ist der optimale Standort für Malven
ANBAU	Saatgut der verschiedenen Malven erhalten Sie im Gartencenter oder Saatguthandel. Ab Mitte März bis Mitte Mai können Sie Malven direkt ins Freiland oder in ein größeres Pflanzgefäß aussäen. Da diese Pflanzen Dunkelkeimer sind, versenken Sie die Samen ca. 1 cm in den Boden. Erde gut feucht halten.
PFLEGE	Malven sind anspruchslos, selbst trockene Zeiten überstehen sie gut im Garten, im Topf sollten Sie sie dennoch stets ausreichend feucht halten. Da Malven recht viel Nährstoffe benötigen, müssten sie eigentlich dreimal zwischen März und Ende Juli gedüngt werden – dies führt aber zu nitratreichen Blüten, die für Vögel ungünstig sind. Darum sollten Sie die Malven, die als Vogelnahrung vorgesehen sind, wenig düngen und dafür in Kauf nehmen, dass diese Pflanzen nicht so üppig wachsen und blühen. Im Frühjahr entfernen sie alle abgestorbenen Pflanzenteile.
ERNTE	Fortlaufend Blüten und Früchte nach dem Erscheinen
LAGERN UND AUFBEWAHREN	Malven sind nur für den frischen Verzehr geeignet
SAMMELN IN DER NATUR	An sonnigen Plätzen gedeihen verschiedene Malven, die sich auch optisch ähneln. Eine Verwechslung ist aber nicht tragisch, da Sie Blüten und Früchte von allen Malven anbieten können. Sammeln Sie keine Pflanzenteile am Straßenrand.

Tipp Auch die Blüten des Hibiskus (Eibisch, Hibiscus) dürfen Sie Ihren Vögeln anbieten.

Geeignet für

Großpapageien	Großsittiche + Kleinpapageien	Wellensittiche	Kanarienvögel	Prachtfinken	Waldvögel + Finkenvögel	Ziergeflügel
✓	✓	✓	✓	✓	✓	✓

Margerite

Deutscher Name	**Margerite**
Weitere deutscher Namen	**Gemeine Wucherblume, Wiesenmargerite, Magerwiesenmargerite**
Wissenschaftlicher Name	***Leucanthemum vulgare***
Blütezeit	**Juni bis Oktober**
Fruchtreife	**ab Juli**

Margeriten sind die „Wiesenblumen" schlechthin – daher fällt es auf, dass sie auf den fetten Böden der Wiesen und Weiden rar werden. Margeriten wollen nämlich wie so viele andere Wiesenblumen einen eher mageren Boden. Diesen erhalten Sie in Ihrem Garten, in dem Sie leicht Margeriten kultivieren können, etwa auf den meist eintönigen Rasenflächen. Margeriten gedeihen auch im Pflanzgefäß auf Balkon und Terrasse, sie werden oft als dichte Büsche angeboten. Doch Vorsicht bei solchen Containerpflanzen – sie stammen häufig aus großen Gärtnereien, in denen Sie intensiv mit Pflanzenschutzmitteln behandelt wurden. Diese Pflanzen dürfen Sie nicht sofort an die Vögel verfüttern – nutzen Sie sie erst im kommenden Jahr als Vogelnahrung, wenn die Pflanzenschutzmittel abgewaschen oder abgebaut sind.

Papageien und Sittichen können Sie alle oberirdischen Pflanzenteile als Nahrung – also ein ganzer Blumenstrauß mit Margeriten, Blätter, Knospen, Blüten in allen Entwicklungsstadien und Früchte.

STANDORT	Je sonniger umso üppiger blüht die Margerite; der Boden sollte durchlässig, humusreich und nicht zu nährstoffreich und nicht zu trocken sein.
ANBAU	Margeriten, die Sie im Container gekauft haben, können Sie von Mitte Mai bis Anfang Oktober direkt ins Freiland pflanzen. Saatgut erhalten Sie im Gartencenter – Margeriten können Sie von April bis Mai und im September/Oktober direkt an Ort und Stelle im Freien aussäen (ab März können Sie die Samen auch in einer Aussaatschale auf der Fensterbank aussäen). Als Lichtkeimer dürfen Sie das Saatgut nur ganz dünn mit Sand abdecken. Einmal im Garten angesiedelt, verbreitet sich die Margerite durch eigene Samenbildung von selbst aus.
PFLEGE	Margeriten sind anspruchslos. Bei Trockenheit gießen, im Frühjahr einmal mit Kompost düngen.
ERNTE	Fortlaufend ernten Sie so viele Blütenstiele, wie Sie für den Frischverzehr benötigen.
LAGERN UND AUFBEWAHREN	Nur völlig reife, trockene Samen können gelagert werden.
SAMMELN IN DER NATUR	Margeriten können Sie mit keiner anderen heimischen Pflanze in der freien Natur verwechseln.

Tipp Viele Vögel mögen die halbreifen, noch grünen Samen am liebsten!

Geeignet für

Großpapageien	Großsittiche + Kleinpapageien	Wellensittiche	Kanarienvögel	Prachtfinken	Waldvögel + Finkenvögel	Ziergeflügel
✓	✓	✓			✓	✓

Melde

Deutscher Name	**Melde**
Weitere deutscher Namen	**Garten-Melde, Spanischer Salat, Spanischer Spinat, Orache**
Wissenschaftlicher Name	***Atriplex hortensis***
Blütezeit	**Juli bis September**
Fruchtreife	**ab August**

Unter den etlichen Meldenarten, die bei uns gedeihen, wird die Garten-Melde auch als Wildgemüse angebaut. Daher können Sie von dieser Art Saatgut für die eigene Kultur auch im Handel erhalten. Gewöhnliche und Spieß-Melde gehören zu den weit verbreiteten und häufigen heimischen Wildkräutern.

Die Melde ist eine einjährige, krautige Pflanze, die bis zu 1 m hoch werden kann. Die länglichen bis spießförmig-dreieckigen Blätter können bei Sorten der Garten-Melde auch rötlich sein. Die kleinen grünen bis rötlichen Blüten stehen zu vielen als lockere Ähren in den Achseln der zur Triebspitze hin immer schmaleren Blätter. Sie entwickeln sich zu Fruchtständen mit vielen, relativ schweren Samen, daher hängt der Fruchtstand bei Reife oft stark herab. Sittiche und andere Vögel verspeisen gern die nahrhaften Samen. Am besten ernten Sie die Fruchtstände noch solange sie grün sind, denn die reifen Samenfrüchte verstreuen sich rasch im Garten. Im Boden behalten sie sehr lange ihre Keimfähigkeit.

Die Blätter der Garten-Melde sind auch ein sehr geschätztes Blattgemüse mit reichlich Vitamin A, C und Mineralstoffen, die wie Spinat zubereitet werden können.

STANDORT	Sonniger bis halbschattiger Platz in normalem Boden
ANBAU	Ab Ende März direkt im Freien aussäen
PFLEGE	Anspruchslos und pflegeleicht
ERNTE	Fruchtstand mit reifen Samen von August bis Oktober abschneiden, man kann auch die ganzen Triebe ernten und als Strauß anbieten
SAMMELN IN DER NATUR	Auf Feldern und Schuttplätzen, in Gärten, an Wegen und Straßenrändern wächst die nah verwandte Gewöhnliche oder Spreizende Melde (Atriplex patula). An Stellen mit feuchterem Boden finden Sie zudem die ebenfalls heimische Spieß-Melde (Atriplex prostata, A. hastata). Von beiden Meldenarten können Sie an unbelasteten Stellen ebenfalls die Fruchtstände mit den reifen Samen sammeln.

Tipp

Melde ist besonders reich an Eiweiß sowie Calcium und daher eine beliebte Futterpflanze während der Zuchtsaison.

Ähnlich wie die Melden sieht der Weiße Gänsefuß aus, der volkstümlich auch Melde genannt wird. Melden und Gänsefuß sind nah verwandte Gänsefußgewächse – da beide essbar und genauso gut als Vogelfutterpflanze geeignet sind, macht eine Verwechslung nichts aus.

Geeignet für

Großpapageien	Großsittiche + Kleinpapageien	Wellensittiche	Kanarienvögel	Prachtfinken	Waldvögel + Finkenvögel	Ziergeflügel
✓	✓		✓	✓	✓	✓

Minze

Deutscher Name	**Minze**
Weitere deutscher Namen	**Pfefferminze**
Wissenschaftlicher Name	***Mentha x piperita***
Blütezeit	**ab Juli**

Es gibt eine große Vielzahl an verschiedenen Minzen, unter denen die Pfefferminze die bekannteste ist. Sie ist eine Kreuzung aus verschiedenen Minzearten und lässt sich leicht im Garten oder in einem ausreichend großen Pflanzgefäß kultivieren. Da die Pfefferminze unterirdische Ausläufer bildet, breitet sie sich rasch sehr stark aus. Um dies zu unterbinden, müssen Sie rund um den Wurzelstock eine Wurzelsperre in den Boden eingraben (dies kann z.B. eine eingegrabene Beetkante aus Kunststoff sein) oder Sie versenken die in einem großen Kübel gepflanzte Minze im Erdboden. Minzen möchten auch nicht lange am selben Platz stehen: Wenn möglich geben Sie ihr alle 2 – 3 Jahre einen neuen Standort im Garten.

Minzen sind hübsche Pflanzen: Die aufrechten, vierkantigen Stängel verzweigen sich erst im oberen Bereich. Sie tragen die lanzettlich spitzen Blätter, die beim Berühren intensiv duften. An den Enden der Stängel stehen die kleinen lilarosa Blüten in länglichen Blütenständen und verströmen ebenfalls einen starken Duft.
Minzen sind alte Heilpflanzen, deren Inhaltsstoffe krampflösend, verdauungsfördernd, Gallensaft treibend und schmerzlindernd wirken.

STANDORT	Sonniger bis halbschattiger, warmer Platz auf nicht zu trockenem Boden – je sonniger, umso feuchter muss der Boden sein
ANBAU	Da die meisten Minzen Züchtungen aus verschiedenen Mentha-Arten und -Sorten sind, bilden sie keine Samen aus oder sind nicht „samenecht“, das heißt die aus den Samen sich entwickelnden Pflanzen haben andere Eigenschaften als die Mutterpflanze. Minzen bilden aber unterirdische Ausläufer, von denen Sie etwa 10 – 15 cm lange Stücke abschneiden und in den eher feuchten Boden setzen können. Daraus wachsen leicht neue Pflanzen.
PFLEGE	Anspruchslos und pflegeleicht, an sonnigen Plätzen regelmäßig gießen
ERNTE	Die jungen Blätter von April bis Oktober
LAGERN UND AUFBEWAHREN	Stängel mit jungen Blättern können Sie als Bündel am schattigen Platz trocknen und in einem trockenen Schraubglas aufbewahren.
SAMMELN IN DER NATUR	Pfefferminze ist eine Kulturpflanze, die nicht in der freien Natur wächst.

Tipp

Minze ist reich an ätherischen Ölen (z. B. Menthol) und Gerbstoffen, welche die Verdauung fördern. Aufgrund der Valeriansäure hat Minze zudem einen leicht beruhigenden Effekt.

Geeignet für

Großpapageien	Großsittiche + Kleinpapageien	Wellensittiche	Kanarienvögel	Prachtfinken	Waldvögel + Finkenvögel	Ziergeflügel
✓	✓	✓	✓	✓	✓	✓

Nachtkerze

Deutscher Name	**Gemeine Nachtkerze**
Weitere deutscher Namen	**Gewöhnliche Nachtkerze**
Wissenschaftlicher Name	***Oenothera biennis***
Blütezeit	**Juni bis September**
Fruchtreife	**ab Juli**

Die zweijährige Nachtkerze nordamerikanischer Herkunft bildet im ersten Jahr nur Blätter in einer bodenständigen Blattrosette, im zweiten Jahr dann Blüten und Früchte aus. Der kräftige Blütenstängel wird bis zu 1,5 m hoch und trägt an seiner Spitze eine Traube aus unzähligen bis zu 5 cm großen Blütenknospen. Kurz vor der Abenddämmerung öffnen sich einzelne Blütenknospen hörbar und innerhalb von wenigen Minuten. Nachtfalter bestäuben die duftenden Blüten, die sich am nächsten Morgen schließen und abfallen. Jeden Abend wiederholt sich dieses Spiel über viele Wochen hinweg.

Aus den bestäubten Blüten entwickeln sich bis zu 3,5 cm lange Kapselfrüchte mit bis zu 1000 Samen pro Frucht. Finkenvögel, Sittiche und andere Vögel verzehren gern diese Samen. Die Samen enthalten

reichlich essentielle Eiweiße (Proteine) und Fettsäuren, darunter dreifach ungesättigte Gamma-Linolensäure. Daher gilt sie nicht nur bei den nordamerikanischen Ureinwohnern als Heilpflanze, sondern auch bei uns. Das gewonnene Öl lindert äußerlich Hauterkrankungen, innerlich schützt es vor Herzinfarkt und senkt einen erhöhten Cholesterinspiegel.

STANDORT	Sonniger Platz auf eher trockenem, sandigem bis steinigem Boden
ANBAU	Im Frühjahr oder August/September das Saatgut im Freien am vorgesehenen Platz aussäen, Samen nicht mit Erde bedecken (Lichtkeimer); sät sich selbst aus
PFLEGE	Anspruchslos und pflegeleicht
ERNTE	Blüten und Blätter können in kleinen Mengen frisch geerntet werden, die Fruchtkapseln mit den halbreifen Samen ab August
LAGERN UND AUFBEWAHREN	Die Fruchtkapseln können getrocknet werden. Oder Sie schütteln einfach die Samen aus den Kapselfrüchten in ein Gefäß heraus und bewahren sie auf.
SAMMELN IN DER NATUR	Nachtkerzen haben sich bei uns auch in der Natur ausgebreitet; sie gedeihen vor allem auf Ödflächen, Schuttplätzen und Böschungen. Sind diese Standorte unbelastet von Abgasen aus Straßenverkehr und Industrie, können Sie Blätter, Blüten und Fruchtkapseln dort sammeln. Meiden Sie das Sammeln von Nachtkerzen-Pflanzenteilen entlang von Bahngleisen, denn dort werden regelmäßig große Mengen an Pflanzenschutzmittel ausgebracht.

Tipp

Im Garten gedeihen auch verwandte Nachtkerzenarten wie die Duftende Nachtkerze (Oenothera odorata) und die Rotkelchige Nachtkerze (O. glazioviana) – auch diese können Sie gleichfalls verwenden wie die Gemeine Nachtkerze.

Die Samen sind reich an Linol- und Linolensäuren sowie Selen und haben einen positiven Effekt auf mögliche Entzündungen.

Geeignet für

Großpapageien	Großsittiche + Kleinpapageien	Wellensittiche	Kanarienvögel	Prachtfinken	Waldvögel + Finkenvögel	Ziergeflügel
✓	✓	✓	✓	✓	✓	✓

Petersilie

Deutscher Name	**Petersilie**
Weitere deutscher Namen	**Blattpetersilie, Französische Petersilie**
Wissenschaftlicher Name	***Petroselinum crispum***
Blütezeit	**Ab Juni im zweiten Jahr**

Die Blätter von Petersilie enthalten neben Vitamin C, Provitamin A und Mineralstoffe (Calzium, Kalium, Eisen) auch ätherische Öle (Myristicin, Limonen) in geringen Mengen, die dieses Küchenkraut zu einem gesunden Grünfutter machen. Bieten Sie den Vögeln einen trockenen, beblätterten Stängel zum Selbstbedienen an oder streuen Sie die kleingehackten Petersilienblätter über die Körnern; Sie können auch ein Töpfchen mit diesem Küchenkraut in die Voliere stellen.

Das giftige Apiol ist nur in den Früchten enthalten, die Sie auf keinen Fall anbieten sollten – aber da Petersilie als zweijährige Pflanze ohnehin erst im zweiten Jahr blüht, können sich diese Früchte an diesjährigen ausgesäten oder gekauften Pflanzen gar nicht erst entwickeln.

Petersilie können Sie ganz leicht selbst anbauen – im Garten oder in Töpfen auf Fensterbank, Balkon und Terrasse.

STANDORT	Warmer Platz in der vollen Sonne auf lockerem Boden.
ANBAU	März bis Anfang Juli wird Petersilie ausgesät – direkt ins Beet oder in Pflanzgefäße. Drücken Sie die Samen 2 – 3 cm in den Boden oder bedecken Sie sie mit 2 – 3 cm mit Erde. Erde gut feucht halten, denn die Samen brauchen bis zu 3 Wochen, bis sie keimen.
PFLEGE	Erde stets feucht halten, aber nicht nass. Düngen ist nicht nötig.
ERNTE	Ab Juni bis in den November hinein können Sie fortlaufend Petersilie in der gewünschten Menge ernten; schneiden oder brechen Sie dazu die Stängel ab, aus diesen treiben dann mehrmals neue Blätter aus.
LAGERN UND AUFBEWAHREN	Petersilie wird frisch angeboten. Sie können sie auch gut einfrieren, am besten kleingeschnitten. Oder sie trocknen sie und lagern sie in Schraubgläsern.
SAMMELN IN DER NATUR	Da es in der Natur etliche giftige Pflanzen gibt, mit denen Sie Petersilie verwechseln können, sollten Sie dieses Kraut nur aus dem eigenen Anbau oder käuflich erworben (Markt, Gemüsehändler, Gemüseabteilung) verwenden. Verwenden Sie zudem nur die Blätter krauser Petersilie.

Noch mehr Kräuter

Schmackhafte Blättchen mögen viele Vögel – und Küchenkräuter bieten genau dieses. Wie Petersilie können Sie verschiedene Kräuter ganz einfach im Garten, auf der Fensterbank oder Balkon und Terrasse selbst anbauen. Besorgen Sie sich dazu einfach Küchenkräuter in Töpfen (Bio-Qualität!) im Gartencenter, Supermarkt oder beim Gemüsehändler oder das gewünschte Saatgut für die Aussaat.

Frische Küchenkräuter: Beifuß, Fenchelgrün, Kamille (auch Blüten und Samen), Kapuzinerkresse (auch Blüten und Samen), Kerbel, Pimpinelle, Rucola (Rauke), Wermutgrün

Wegen des Gehalts an ätherischen Ölen nur hin und wieder in kleinen Mengen anbieten, als Abwechslung im Speiseplan: Basilikum, Bohnenkraut (auch getrocknet), Dill (auch Samen), Koriandergrün, Lavendel (auch Blüten), Melisse (Zitronenmelisse), Minze (Pfefferminze), Oregano (auch Blüten), Salbei, Thymian (auch getrocknet)

Von diesen Kräutern nur die Blüten anbieten: Borretsch, Malve (Hibiskus), Rosmarin (auch zarte Triebspitzen)

Geeignet für

Großpapageien	Großsittiche + Kleinpapageien	Wellensittiche	Kanarienvögel	Prachtfinken	Waldvögel + Finkenvögel	Ziergeflügel
✓	✓	✓	✓	✓	✓	✓

Ringelblume

Deutscher Name	**Ringelblume**
Weitere deutscher Namen	**Gartenringelblume, Goldblume, Rinderblume, Ringella und unzählige weitere regionale Namen**
Wissenschaftlicher Name	***Calendula officinalis***
Blütezeit	**Juni bis Oktober**
Fruchtreife	**ab August**

Ringelblumen sind bekannte Heilpflanzen, aus deren Blütenköpfen Salben und Cremes mit wundheilenden Wirkungen hergestellt werden. Die einjährigen Pflanzen mit den großen gelben bis orangen Blütenköpfen erreichen Wuchshöhen von bis zu 60 cm. Nach dem Verblühen entwickeln sich aus den Blüten auffällig eingerollte, mit Haken und Zähnen besetzte Früchte, die der Pflanze ihren Namen gab.

Die Ringelblume stammt vermutlich aus dem Mittelmeergebiet. Sie wächst in Gärten, wird als Heilpflanze angebaut. Da sie kaum verwildert, trifft man sie so gut wie nicht in der freien Natur an. Im Garten angepflanzt, bietet sie über viele Monate ein attraktives Blumenbeet. Sie gedeiht in Töpfen oder Blumenkästen auch auf Balkon und Terrasse. Papageien und Sittichen können Sie die komplette Pflanze wie ein Blumenstrauß in verschiedenen Entwicklungszuständen anbieten – mit Knospen, mit offenen und verblühten Blüten, mit den Fruchtständen. Die Vögel mögen vor allem die halbreifen oder milchreifen noch grünen Früchte.

STANDORT	Gemäß ihrer mediterranen Heimat wünschen Ringelblumen einen warmen, vollsonnigen bis sonnigen Platz auf lockerem, nährstoffreichem, etwas feuchtem Boden. Für die Kultur in Pflanzgefäßen mischen Sie Sand im Verhältnis 3 zu 7 unter die Blumenerde.
ANBAU	Ringelblumensaatgut erhalten Sie sogar im Sortiment der Supermärkte. Im Mai und Juni säen Sie die Samen direkt ins Freie an Ort und Stelle aus; drücken Sie dazu die geringelten Samen ein wenig in die Erde hinein. Erde nach der Aussaat feucht halten. Nach etwa zwei Wochen erscheinen die ersten Pflänzchen. Sie können Ringelblumen auch im Herbst (September/Oktober) fürs kommende Jahr aussäen.
PFLEGE	Ringelblumen sind pflegeleicht und anspruchslos – da sie einen stets etwas feuchten (aber nicht nassen!) Boden wünschen, sollten Sie regelmäßig gießen.
ERNTE	Die Ernte beginnt, sobald im Juni die ersten Blütenknospen erscheinen und endet spätestens mit den ersten Frostnächten, wenn diese einjährigen Sommerblumen eingehen. Schneiden Sie ganze Stiele ab oder nur die Blütenköpfchen.
LAGERN UND AUFBEWAHREN	Die trockenen Samen lassen sich an einem trockenen Ort gut lagern.

Tipp Ringelblumen säen sich selbst aus – wenn Sie die Blüten auf dem Beet oder im Pflanzgefäß welken und ausreifen lassen, fallen im Herbst/Winter die Samen auf die Erde und keimen im nächsten Jahr.

Geeignet für

Großpapageien	Großsittiche + Kleinpapageien	Wellensittiche	Kanarienvögel	Prachtfinken	Waldvögel + Finkenvögel	Ziergeflügel
✓	✓	✓	✓	✓	✓	✓

Schafgarbe

Deutscher Name	**Schafgarbe**
Weitere deutscher Namen	**Gemeine Schafgarbe, Wiesenschafgarbe, Garbenkraut**
Wissenschaftlicher Name	***Achillea millefolium***
Blütezeit	**Juni bis Oktober**
Fruchtreife	**ab August**

Die bis zu 70 cm hohe, mehrjährige Schafgarbe verdankt ihren Namen den Schafen, die zwar die Blätter fressen, die blütentragenden Stängel aber stehen lassen, sodass diese neben dem Sauerampfer auf den Weideflächen stehen bleiben. An den zähen, aufrechtstehenden, verzweigten Stängeln sitzen seitlich die sehr fein gezipfelten, federigen, dunkelgrünen Blätter und an den Enden die kleinen weißen bis gelblich weißen oder rosa Blütenkörbchen, die zu vielen in einem dichten, schirmähnlichen Blütenstand (Scheindolde) beisammenstehen. Schafgarben sind Heilpflanzen. Sie verströmen einen typischen leicht süßlichen Duft, den manche als angenehm, andere als unangenehm empfinden.

Obwohl die Schafgarbe, wenn man sich ihre Merkmale einmal eingeprägt hat, leicht zu erkennen ist, kann sie von ungeübten Augen mit anderen Pflanzen verwechseln, die ebenfalls aus vielen kleinen weißen Einzelblütchen zusammengesetzte Schirmblüten besitzen – darunter auch hochgiftige Pflanzen wie der Gefleckte Schierling (Conium maculatum), der Giftige Wasserschierling (*Cicuta virosa)* oder die Hundspetersilie (*Aethusa cynapium*). Wer sich unsicher ist, pflückt KEINE Schafgarben in der freien Natur oder pflanzt sie im eigenen Garten oder auf Balkon und Terrasse!

STANDORT	Einen Platz in der vollen Sonne auf lockerem, nährstoffreichem und eher trockenem Boden wünscht die Schafgarbe. Auf feuchten oder gar nassen Böden kann sie nicht gedeihen.
ANBAU	Saatgut erhalten Sie in jedem gut sortierten Gartencenter. Die Samen werden im April/Mai direkt an Ort und Stelle ins Freie oder in ein größeres Pflanzgefäß (mindestens 30 cm hoher Kübel, da die Schafgarbe lange Wurzeln bildet) ausgesät. Da sie Lichtkeimer sind, nur ganz dünn mit Sand bedecken. Sie können die Schafgarbe auch schon im Februar/März im Haus vorziehen und im Mai ins Freie umpflanzen oder stellen.
PFLEGE	Schafgarben sind anspruchslos und pflegeleicht. Sie verträgt Trockenheit, ihr tut es aber besser, wenn die Erde niemals ganz austrocknet. Im Garten düngen Sie sie im Frühjahr mit etwas Kompost, im Kübel verabreichen Sie ein- bis zweimal zwischen März und Ende Juli Flüssigdünger.
ERNTE	Die jungen Blätter sind besonders zart, sie werden im Frühjahr gepflückt. Blüten ernten Sie fortlaufend während der Blütezeit.
LAGERN UND AUFBEWAHREN	Sie können die Blätter trocknen
SAMMELN IN DER NATUR	Schafgarben wachsen auf den nährstoffreichen Böden von Wiesen, Weiden, Äckern und Wegrändern. Sammeln Sie aber nur an sauberen Plätzen fern von verkehrsreichen Straßen und Hundegassistrecken. Empfindliche Menschen sollten beim Pflücken Gartenhandschuhe tragen, denn der Pflanzensaft kann in Verbindung mit dem Sonnenlicht zu Entzündungen der Haut führen.

Tipp **Die Blätter und Blüten werden von vielen Vögeln verspeist – vielleicht möchten Sie ja Ihren Vögeln vom nächsten Spaziergang einen bunten Wiesenblumenstrauß mit Schafgarbe, Margerite, Klee, Kornblume, Storchschnabel, Pippau, Wiesenknopf und Witwenblume pflücken.**

Geeignet für

Großpapageien	Großsittiche + Kleinpapageien	Wellensittiche	Kanarienvögel	Prachtfinken	Waldvögel + Finkenvögel	Ziergeflügel
✓	✓	✓	✓	✓	✓	✓

Schönpolster

Deutscher Name	**Kriechendes Schönpolster**
Weitere deutscher Namen	**Golliwoog (Markenname)**
Wissenschaftlicher Name	***Callisia repens***
Blütezeit	**unscheinbare und seltene Blüte, stark abhängig von Freilandklima**
Erntezeit	**ganzjährig, insbesondere im Sommer**

Das Kriechende Schönpolster (Callisia repens) ist eine Art aus der Familie der Commelinagewächse. Diese Art ist vom Süden der USA über die Westindischen Inseln bis Argentinien heimisch. Die Pflanze bildet kriechende Matten mit fleischigen Blättern, die Blattspreite ist oval bis lanzeolat und bis zu 4 cm lang. Die Blätter sind überwiegend dunkelgrün, weisen aber auch weinrote Farbnuancen auf.

Mittlerweile wird diese Pflanze speziell für den Heimtierbereich angebaut und unter dem Namen Golliwoog® im Handel angeboten. Beim Kauf sollte man dringend darauf achten, dass man das Original bekommt (Pflanze in Gollithek-Töpfen). Mittlerweile gibt es viele Nachahmer, aber nicht immer ist gewährleistet, dass die Pflanzen in Futterqualität vorliegen und ohne herkömmliche Pflanzenschutzmittel und Wuchshemmstoffe produziert wurden. Aufgrund des ungebremsten Wachstums erkennt man die Futterpflanzen auch daran, dass sie weniger kompakt wachsen.

STANDORT	Die Pflanze wächst an schattigen und schottrig-steinigen Stellen, Schönpolster bevorzugen einen sonnig-hellen Standort
ANBAU	Sie können Schönpolster auch als Bodendecker anpflanzen, praktikabler ist jedoch der Einsatz als Topfpflanze oder Ampel.
PFLEGE	Anspruchslos; halten Sie die Pflanze mäßig feucht, von unten gießen, in eine Schale mit Wasser stellen
ERNTE	Schönpolster hält sich in Pflanztöpfen im Haus das ganze Jahr, so dass auch im Winter frisches Grünfutter vorrätig ist. Sie können kleinere Büschel der Pflanze abschneiden und über das Futter gestreut anbieten.
INHALTSSTOFFE	Schönpolster ist eine sehr calciumreiche Pflanze (Ca-Gehalt 1,8 g/kg Frischmasse, 55 g/kg Trockenmasse), ähnlich wie Brennnessel oder Löwenzahn. Im Gegensatz hierzu ist Schönpolster das ganze Jahr über als frische Futterpflanze für den Vogelbereich verfügbar und aufgrund des Calciumgehaltes eine ideale Ergänzung zu allgemein eher calciumarmen Sämereien.

Tipp Legen Sie sich mehrere Pflanzen im Topf zu. Wechseln Sie den Topf in der Voliere regelmäßig durch neue Pflanzen aus und lassen Sie die angeknabberte Pflanze über einen gewissen Zeitraum sich erholen, bevor Sie diese wieder anbieten.

Geeignet für

Großpapageien	Großsittiche + Kleinpapageien	Wellensittiche	Kanarienvögel	Prachtfinken	Waldvögel + Finkenvögel	Ziergeflügel
✓	✓	✓	✓	✓	✓	✓

Sonnenblume

Deutscher Name	**Sonnenblume**
Wissenschaftlicher Name	***Helianthus annuus***
Blütezeit	**Juli bis Oktober**
Fruchtreife	**ab August**

Sonnenblumen gehören zu den Pflanzen mit den größten Blütenkörbchen, die Durchmesser von bis zu 50 cm erreichen können. Sie öffnen sich am Ende eines je nach Sorte bis zu 3 m langen, kräftigen, markgefüllten Stängels mit großen, rauen, herzförmigen Blättern. Jedes Blütenkörbchen der ungefüllten Sonnenblumensorten besteht aus dunklen Röhrenblüten im Zentrum, aus denen sich nach Bestäubung die Sonnenblumenkerne entwickeln und die von einem Kranz aus gelben, manchmal auch roten oder braunen Zungenblüten umgeben sind. Die von einer schwarzen oder gestreiften Hülle umgebenen Sonnenblumenkerne sind die Samen der Sonnenblumen, die spiralförmig auf dem Blütenboden aufsitzen. Der Anbau von Sonnenblumen ist kinderleicht, sie brauchen nur etwas Platz, können aber auch einfach vor einer geschnittenen Hecke oder an einer Wand entlang wachsen. Windgeschützte Plätze sind sowieso ideal. In großen Pflanzgefäßen gedeihen Sonnenblumen auch auf Balkon und Terrasse. Sonnenblumen sind einjährige Pflanzen, die nach der Blüte eingehen.

Tipp Nicht nur Papageien und Sittiche mögen die inhaltsreichen Sonnenblumenkerne im milch- oder halbreifen Zustand, auch die heimischen Finken, Meisen und andere Vögel stehen darauf – darum müssen Sie entweder schnell sein bei der Ernte oder noch besser Sie pflanzen so viele Sonnenblumen in Ihrem Garten, dass es für alle reicht!

STANDORT	Wählen Sie für die Sonnenblumen einen sonnig-warmen Platz auf durchlässigem, frischem und nährstoffreichem Boden. An windgeschützten Plätzen können Sie hohe Sonnenblumen setzen, an windigeren Orten nehmen Sie lieber eine der niedrigen Sorten, die keinen Meter hoch werden.
ANBAU	Saatgut erhalten Sie in jedem Gartencenter und auch in manchen Supermärkten. Um Sonnenblumenkerne zu ernten, dürfen Sie keine Sorten mit dicht gefüllten, pomponartigen Blütenständen wählen – diese bilden keine Samen! Ab März können Sie die Sonnenblumen im Zimmer vorziehen: Dazu stecken Sie jeweils 2 – 3 Samen ein paar Zentimeter tief in einen großen Topf mit Blumenerde, die Sie stets gut feucht halten. Auf der Fenster bank erscheinen bald die ersten Pflänzchen. Ab Mitte Maipflanzen Sie die kräftigsten der jungen Sonnenblumen ins Freie an Ort und Stelle; dabei müssen Sie vor allen Dingen bei den großen Sorten genügend Abstand (20 – 40 cm) lassen. Oder Sie säen ab April direkt im Freien an Ort und Stelle aus: Auch dazu stecken Sie jeweils 3 – 5 Samen ein paar Zentimeter tief in den Erdboden, später entfernen Sie die schwächsten Pflanzen.
PFLEGE	Sonnenblumen sind anspruchslos. Im Topf sollten Sie im Juni und Juli mit etwas Flüssigdünger nachdüngen. Sollten die langen Stängel umknicken, dann stecken Sie einen Stab neben die Pflanze und befestigen sie daran, etwa mit Paketklebeband.
ERNTE	Sobald die Kerne im Zentrum sichtbar und grün sind, können Sie die Blütenköpfe mit den nun milchreifen Samen abschneiden und Ihren Vögeln anbieten. Um reife trockene Kerne zu ernten, lassen Sie die Blütenköpfe nach dem Verblühen stehen. Sonnenblumensamen sind sehr fett- und energiereich und sollten daher immer nur in Maßen angeboten werden.
LAGERN UND AUFBEWAHREN	Die reifen, trockenen Samen können Sie leicht an einem trockenen Ort aufbewahren, am besten ungeschält.

Geeignet für

Großpapageien	Großsittiche + Kleinpapageien	Wellensittiche	Kanarienvögel	Prachtfinken	Waldvögel + Finkenvögel	Ziergeflügel
✓	✓	✓			✓	✓

Steinklee

Deutscher Name	**Steinklee**
Weitere deutscher Namen	**Honigklee**
Wissenschaftlicher Name	***Melilotus*-Arten**
Blütezeit	**Juni bis September, im zweiten Jahr**
Fruchtreife	**ab August, im zweiten Jahr**

An sonnigen Weg- und Straßenrändern, auf Dämmen, Bahngelände, Ödflächen und Schuttplätzen, in Steinbrüchen wachsen zwei verschiedene Arten dieser heimischen Wildpflanze: der gelbblühende Echte oder Gewöhnliche Steinklee (Melilotus officinalis) und der weißblühende Weiße Steinklee (M. alba), der auf dem Foto abgebildet ist. Abgesehen von der Blütefarbe sind die beiden Arten zum Verwechseln ähnlich – das macht aber nichts, denn beide werden gleich verwendet. Die Blüten vom Steinklee verströmen einen intensiven Honigduft, die verwelkende Pflanze duftet wegen des hohen Cumaringehalts nach frischem Heu.

Der Steinklee bildet bis zu 1 cm lange, aufrechtstehende, verzweigte Stängel mit kleeähnlichen, länglich ovalen Blättchen. Aus den hängenden, etwa 5 mm langen Schmetterlingsblüten, die zu vielen (40 – 80 Einzelblüten) an den Stängelenden in langen, sehr schmalen Trauben stehen, entwickeln sich etwa 5 mm lange, rundliche, kahle, runzelige Hülsenfrüchtchen. So lange diese Hülsenfrüchtchen noch grün sind, enthalten sie milchreife Samen, die Vögeln munden.

Steinklee ist eine ein- bis zweijährige Pflanze, die je nach Aussaattermin und Witterungsverlauf im ersten Jahr nur Blätter bildet – die Blüten und Früchte erscheinen erst im zweiten Sommer. Danach geht die Pflanze zugrunde. Dies müssen Sie bedenken, wenn Sie Steinklee in Ihrem Garten anbauen: Es ist nicht sicher, dass Sie im Jahr der Aussaat schon Samen für Ihre Vögel ernten!

STANDORT	Steinklee wünscht einen hellen-warmen Platz auf eher trockenem, warmem Boden. Er verträgt gut Trockenheit.
ANBAU	Steinkleesaatgut erhalten Sie in Gartencentern und Saatguthandlungen, da er als bienenfreundliche Gründüngungspflanze gilt. Die Aussaat erfolgt von April bis Ende Mai direkt ins Beet, im Juli und August ausgesäte Samen kommen im selben Jahr nicht mehr Zur Blüte. Nach dem Säen Erde stets feucht halten. Schwächliche Jungpflanzen entfernen.
PFLEGE	Steinklee ist anspruchslos und pflegeleicht; er muss nur bei starker Trockenheit gegossen werden.
ERNTE	Steinklee blüht und trägt Früchte zur selben Zeit. Schneiden Sie einzelne Blütentrauben ab, wenn die obersten Blüten am Verblühen und die herabhängenden Hülsenfrüchte noch grün sind.
LAGERN UND AUFBEWAHREN	Steinkleesamen eignen sich nur zum frischen Verzehr.
SAMMELN IN DER NATUR	In der Natur kommen die beiden Steinkleearten oft am selben Platz vor. Die braunen Hülsenfrüchte können Sie als Saatgut für den eigenen Garten sammeln.

Tipp Wenn die Samen reif sind, fallen Sie beim Schütteln der Pflanze aus den Hüllen. So vermehrt sich der Steinklee auf natürliche Weise, auch in Ihrem Garten.

Geeignet für

Großpapageien	Großsittiche + Kleinpapageien	Wellensittiche	Kanarienvögel	Prachtfinken	Waldvögel + Finkenvögel	Ziergeflügel
		✓	✓	✓	✓	✓

Stiefmütterchen

Deutscher Name	**Stiefmütterchen**
Weitere deutscher Namen	**Ackerveilchen**
Wissenschaftlicher Name	***Viola*-Arten**
Blütezeit	**April bis September**
Fruchtreife	**ab Juni**

Stiefmütterchen sind Veilchengewächse, von denen es wilde und Kulturformen gibt. Auf nährstoffreichen Böden der Felder, Wegränder und brachliegender Flächen wächst das Ackerstiefmütterchen (Viola arvensis). Ziemlich selten kommt bei uns auf silikatreichen Böden das Wilde Stiefmütterchen (V. tricolor) vor, in Gärten und auf Balkon und Terrasse gibt es jede Menge Zuchtsorten des Gartenstiefmütterchens (V. wittrockiana, siehe Foto) mit bunten Blütenfarben.
Stiefmütterchen sind einjährige Pflanzen, die Sie als Saatgut oder Jungpflanzen im Gartencenter erhalten. Sie gedeihen genauso leicht im Garten wie im Pflanzgefäß auf Balkon und Terrasse.

Stiefmütterchen erkennt man leicht an den typischen Blüten. Nach dem Verblühen entwickeln sie sich zu mehrklappigen Kaspselfrüchten, die bei Reife aufklappen und viele Samen enthalten. Diese Samen können Sie in milchreifem bis ausgereiftem Zustand Ihren Papageien und Sittichen anbieten – am besten ernten Sie dazu die verblühten Blüten und bieten sie zum Selbstbedienen als Ganzes den Vögeln an.

STANDORT	Auf sonnigen Plätzen mit nährstoffreichem, lockerem Boden gedeiht das Stiefmütterchen. In Töpfen und Blumenkästen verwenden Sie normale Blumenerde.
ANBAU	Sie können sich entweder im Frühjahr Jungpflanzen besorgen und diese in Garten oder Pflanzgefäß setzen oder Sie säen das Saatgut im Juni bis August aus, am besten in einem kühlen Gewächshaus, Erde stets gut feucht halten. Da Stiefmütterchen Dunkelkeimer sind, bedecken Sie das Saatgut mit 1 – 2 cm Erde. Wenn die Jungpflanzen erschienen sind, entfernen Sie die schwächsten – ab Mitte August bis in den Oktober hinein werden die jungen Stiefmütterchen an Ort und Stelle ausgepflanzt. Sie sind frostfest und überstehen gut den hiesigen Winter. Nur in rauen Lagen sollten Sie die Pflanzen mit Reisig abdecken – im kommenden Jahr blühen sie und bilden Früchte.
PFLEGE	Anspruchslos und pflegeleicht, Erde vor allem in Gefäßen stets feucht halten
ERNTE	Schneiden Sie die grünen bis braunen Kapselfrüchte ab
LAGERN UND AUFBEWAHREN	Braune, trockene Kapselfrüchte mit reifen Samen können Sie an einem trockenen Platz lagern
SAMMELN IN DER NATUR	Das niedrige Ackerstiefmütterchen können Sie dort, wo es in der freien Natur vorkommt, nicht mit anderen Pflanzen verwechseln. Ernten Sie die samengefüllten Kapselfrüchte nur fern von Straßen, pflanzenschutzmittelbehandelten Feldern und Strecken, auf denen Hunde spazieren gehen. Da die Samen auch für die heimische Tierwelt eine wichtige Nahrungsquelle ist, lassen Sie genügend für die Wildtiere übrig – oder pflanzen Sie die Stiefmütterchen für den eigenen Bedarf im Garten.

Tipp Reife Samen können Sie auch unter Körnermischungen mischen.

Geeignet für

Großpapageien	Großsittiche + Kleinpapageien	Wellensittiche	Kanarienvögel	Prachtfinken	Waldvögel + Finkenvögel	Ziergeflügel
✓	✓	✓	✓	✓	✓	✓

Thymian

Deutscher Name	**Thymian**
Weitere deutscher Namen	**Immenkraut, Gartenthymian**
Wissenschaftlicher Name	***Thymus vulgaris***
Blütezeit	**Juni bis Oktober**
Erntezeit	**Juni bis Oktober**

Thymian stammt aus den südlichen Mittelmeerländern. Mittlerweile ist er auch in vielen Teilen Deutschlands verwildert anzutreffen. Der Gattung Thymian gehören mehr als 210 Arten an. Die Pflanze ist verwandt mit Rosmarin, Salbei und Pfefferminze. Thymian ist eine mehrjährige Pflanze, die eine Wuchshöhe zwischen 10 und 40 cm erreicht.

Die Blätter sind relativ klein und gleichen Ellipsen. Blattunter- und -oberseite sind unbehaart und enthalten Öldrüsen, welche die ätherischen Öle enthalten. Diese ätherischen Öle (v.a. Thymol und Cavacrol) haben eine stark entzündungshemmende Wirkung und werden als sinnvolle Ergänzung zum Antibiotikaeinsatz bei Tieren gesehen. Daneben enthält Thymian Bitter- und Gerbstoffe, die regulierend in Verdauungsprozesse eingreifen. Hinzu kommt, dass Thymian reich an Zink ist (in üblichen Mischungen von Sämereien häufig nur mangelhaft vorhanden).

STANDORT	Die Pflanze bevorzugt Böden, die gut wasserdurchlässig und eher nährstoffarm sind.
ANBAU	Die Aussaat des Thymians im Freiland sollte in den Monaten Mai bis Juni erfolgen, wenn keine länger dauernden Fröste mehr zu erwarten sind. Bei einem Anbau in Töpfen eignen sich Erde mit etwa 30 bis 40 % Sand. Auf Blumenerde sollte verzichtet werden.
PFLEGE	Anspruchslos; eine zusätzliche Düngung ist im Freiland zumeist nicht erforderlich. Bei Topfkulturen sollten alle 8 Wochen kleine Düngegaben mit dem Gießwasser zugeführt werden.
ERNTE	Ernten Sie Thymianzweige und –blätter in der Blühphase; danach verlieren die Blätter einiges an ätherischen Ölen.

Tipp

Binden Sie kleine Sträuße von Thymian, Salbei und Rosmarin, die Sie in getrockneter Form ins Futtermittellager legen oder hängen. Die ätherischen Öle vertreiben in gewissem Umfang unerwünschte Insekten.

Geeignet für

Großpapageien	Großsittiche + Kleinpapageien	Wellensittiche	Kanarienvögel	Prachtfinken	Waldvögel + Finkenvögel	Ziergeflügel
✓	✓	✓	✓	✓	✓	✓

Topinambur

Deutscher Name	**Topinambur**
Weitere deutscher Namen	**Indianerknolle, Staudensonnenblume, Erdapfel, Erdbirne**
Wissenschaftlicher Name	***Helianthus tuberosus***
Blütezeit	**August bis Oktober**
Fruchtreife	**ab September**

Der mit den Sonnenblumen verwandte Topinambur stammt wie diese aus Nord- und Mittelamerika, wo sie als Nahrungspflanze angebaut wurde. Die kartoffelähnlichen, schmackhaften Knollen enthalten Eiweiß, Vitamine und Mineralstoffe.

Topinambur ist eine mehrjährige, winterharte Pflanze, die bis zu 3 m hoch werden kann. An den Enden der aufrechten, verzweigten Stängel mit den rauen, herzförmigen Blättern öffnen sich die gelben Blütenkörbchen, in deren Zentrum nach dem Bestäuben die Samen entstehen. Diese Samen sind im milchreifen bis ausgereiftem Zustand ähnlich wie die

Sonnenblumenkerne eine beliebte Nahrung für Papageien und Sittiche. Auch die Wurzelknollen können Sie Ihren Vögeln anbieten – und zwar kleingeschnitten als Rohkost oder ungesalzen und ungewürzt wie Kartoffeln in Wasser gekocht.

Topinambur wächst nicht in der freien Natur, sehr gut aber in Ihrem Garten. Er neigt dazu, sich von Jahr zu Jahr mehr auszubreiten – um dies zu unterbinden, können Sie im ab November, wenn die oberirdischen Pflanzenteile abgestorben sind, im Randbereich der Pflanze alle Wurzelknollen mit einer Grabegabel aus dem Erdreich holen. Dabei müssen Sie sehr sorgfältig vorgehen, denn aus jedem kleinsten zurückbleibenden Knollenteilstück wächst im kommenden Jahr eine neue Pflanze.

STANDORT	Sonnig bis halbschattig auf durchlässigem, frischem bis mäßig trockenem, nährstoffreichem Boden
ANBAU	Besorgen Sie sich Knollen im Gartencenter, die Sie ab Mitte April etwa 5 cm tief in den Boden setzen. Halten Sie von Knollenstück zu Knollenstück einen Abstand von 20 cm.
PFLEGE	Topinambur ist anspruchslos. Gießen Sie ihn bei länger andauernder Trockenheit und düngen Sie den Boden im Frühjahr mit etwas Kompost.
ERNTE	Schneiden Sie abgeblühte Blütenköpfe als Ganzes ab. Reife Samen können Sie ernten, wenn die Blüten vollständig verblüht sind.
LAGERN UND AUFBEWAHREN	Die reifen Samen können Sie wie Sonnenblumenkerne am trockenen Ort aufbewahren. Am besten lösen Sie sie aus dem Blütenboden, denn dieser ist dickfleischig und neigt zum Schimmeln.

Tipp Topinamburknollen sind leicht verderblich – bieten Sie sie gleich nach der Ernte frisch an oder frieren Sie sie rasch ein, roh oder gekocht. In Feinkostläden können Sie auch getrocknete Früchte erwerben, die aufgrund ihres Insulingehaltes eine stabilisierende Wirkung auf die Mikrobiota im Magen-Darm-Trakt haben.

Geeignet für

Großpapageien	Großsittiche + Kleinpapageien	Wellensittiche	Kanarienvögel	Prachtfinken	Waldvögel + Finkenvögel	Ziergeflügel
✓	✓	✓			✓	✓

Vogelmiere

Deutscher Name	**Vogelmiere**
Weitere deutscher Namen	**Vogelsternmiere, Hühnerdarm, Mäusedarm**
Wissenschaftlicher Name	***Stellaria media***
Blütezeit	**Januar bis Dezember**
Fruchtreife	**Januar bis Dezember**

Die einjährige Vogelmiere ist weit verbreitet in Gärten, auf Feldern, Brachflächen, an Wegrändern, auch am Ufer und in Blumentöpfen. Die zarten Jungpflänzchen mit den kleinen eiförmigen Blättchen erscheinen das ganze Jahr über. Sie kriechen mit niederliegenden Stängeln mit einer Längsreihe von Haaren am Boden entlang und bilden in den Blattachseln kleine, weiße, sternförmige Blüten mit 5 längsgeteilten Blütenblättern. Ganzjährig entwickeln sich aus den Blüten auch die kleinen Samen, die einmal auf den Boden gefallen wieder rasch keimen.

Bevor Sie die Vogelmiere aussäen, müssen Sie bedenken, dass sie diese Wildpflanzen dadurch für längere Zeit in Ihren Garten bringen – trotz ihres schlechten Rufes gehört sie zu den ökologisch wichtigen heimischen Pflanzen, nicht nur weil sie eine Insektenpflanze ist, sondern auch weil sie rasch offene Bodenstellen bedeckt. Dadurch ist der Boden vor der Witterung, vor Winden, Ausschwemmung und Austrocknen geschützt.

STANDORT	Die Vogelmiere gedeiht am sonnigen bis halbschattigen Platz auf nährstoffreichem Boden.
ANBAU	Saatgut der Vogelmiere können Sie selbst von den Pflanzen sammeln, manche Saatguthändler bieten auch Vogelmieresamen an. Ganzjährig können Sie die Vogelmiere im Garten, aber auch im Topf oder Blumenkasten aussäen; nach der Aussaat die Erde stets feucht halten.
PFLEGE	Pflegeleicht und anspruchslos, sät sich von selbst aus, ist sehr winterhart.
ERNTE	Die jungen Blättchen können Sie das ganze Jahr über ernten, ebenso die kleinen Blütchen und die verwelkten Blüten mit den Samen.
LAGERN UND AUFBEWAHREN	Da die Vogelmiere nach der Ernte rasch verwelkt, sollten Sie sie stets frisch gepflückt den Vögeln reichen.
SAMMELN IN DER NATUR	Pflücken Sie die Vogelmiere nicht an verkehrsreichen Straßen, in der Nähe von Feldern mit pflanzenschutzintensiven Kulturen sowie entlang von viel begangenen Hundegassistrecken. In der Natur können Sie die Vogelmiere mit der Dreinervigen Nabelmiere (*Moehringia trinervia*, typische Kennzeichen: Blätter mit 3 oder 5 Längsnerven, die der Vogelmiere haben nur 1 Längsnerv) oder im nichtblühenden Zustand mit dem rot oder blaublühenden Acker-Gauchheil (*Anagallis arvensis*) verwechseln, dessen Stängel im Gegensatz zu dem der Vogelmiere nicht behaart sind.

Tipp In Gärten ist die heimische Vogelmiere nicht besonders beliebt; sie gilt als lästiges Unkraut, das man nur schwer wieder loswird, weil es sich über Unmengen von Samen (bis zu 15 000 Samen pro Pflanze) und zusätzlich über oberirdische Ausläufer ausbreitet. Zum Glück für den Vogelbesitzer! Denn die ganze Pflanze – Blätter, Blüten, Samen – gehören zum besten Frischgrünfutter für Papageien, Wellensittiche und Co., da sie reich an Calcium sind.

Geeignet für

Großpapageien	Großsittiche + Kleinpapageien	Wellensittiche	Kanarienvögel	Prachtfinken	Waldvögel + Finkenvögel	Ziergeflügel
✓	✓	✓	✓	✓	✓	✓

Vogelwicke

Deutscher Name	**Vogelwicke**
Weitere deutscher Namen	**Gewöhnliche Vogel-Wicke, Gemeine Vogel-Wicke**
Wissenschaftlicher Name	***Vicia cracca***
Blütezeit	**Juni bis August**
Fruchtreife	**ab August**

Die Vogel-Wicke kam in der jüngeren Steinzeit mit dem Ackerbau zu uns. Sie ist eine ausdauernde krautige Pflanze, die bis zu 1,2 m an anderen Pflanzen (Getreide), Zäunen oder Mauern emporranken kann. Dazu sind die letzten Fiederblättchen der gefiederten Blätter zu korkenzieherähnlichen Ranken umgebildet, die rasch jeden Halt umschlingen. Am Ende der Blütenstängel erscheinen die bis zu 40 blau- oder rotvioletten bis zu blauen Blüten in schmalen, lang gestielten Blütentrauben. Sie entwickeln sich zu etwa 2,5 cm langen Hülsenfrüchten.

Wie alle anderen Mitglieder der Pflanzenfamilie Hülsenfrüchtler bildet auch die Vogel-Wicke im Wurzelbereich Knöllchenbakterien, die in der Lage sind, molekularen Stickstoff aus der Luft als Dünger pflanzenverfügbar zu machen.

Viele Vögel, auch heimische Wildvögel, ernähren sich gern von der Vogel-Wicke, worauf auch ihr deutscher Name hinweist. Sie nehmen nicht nur die eiweißreichen Samen, sondern auch Blätter und Blüten auf. In der Gattung Vicia gibt es noch weitere Wickenarten, die als Vogelfutterpflanzen

für zahlreiche Arten geeignet sind. **Dies sind:** Futter- oder Saat-Wicke (Vicia sativa), eine Kulturpflanze, die auf Äckern angebaut wird

- Zaun-Wicke (Vicia sepium) mit größeren Blüten
- Zottige Wicke (Vicia villosa), sehr ähnlich der Vogel-Wicke, aber flaumig behaart

Wichtig! Vor der Ernte müssen Sie sich versichern, dass es sich auch tatsächlich um diese ungiftigen Wickenarten handelt!! Es gibt sehr ähnliche, aber ungenießbare oder sogar giftige ähnliche Pflanzen!

STANDORT Sonniger bis halbschattiger Platz auf frischen bis mäßig trockenen, humusreichen Lehm- und Tonböden

ANBAU Das Saatgut wird im Frühjahr oder Herbst dort ausgesät, wo die Vogel-Wicke wachsen soll.

PFLEGE Anspruchslos und pflegeleicht

ERNTE Von Frühjahr bis in den Herbst hinein wird stets so viel an Trieben mit Blättern, Blüten oder samenhaltigen Früchten geerntet, wie zum sofortigen frischen Verzehr benötigt wird.

LAGERN UND AUFBEWAHREN Die Hülsenfrüchte können getrocknet werden, trocken aufbewahren.

SAMMELN IN DER NATUR Die Vogel-Wicke war früher ein typisches Acker-„Unkraut". Heute hat sie ihren Schrecken verloren, wächst auf Wiesen, Weiden, Ödflächen, am Rand von Wald und Feld, im Gebüsch, auch am Ufer von Flüssen. Sammeln Sie nur Teile von Pflanzen, die weder von Pflanzenschutzmittel noch von Abgasen aus dem Straßenverkehr beschmutzt sind.

Tipp Die Samen der Vogelwicke sind proteinreich und daher ein wertvolles Futter während der Zuchtsaison. Zudem enthalten sie Asparagin (ebenso wie im Spargel), welches eine harntreibende Wirkung hat und daher therapiebegleitend bei nierenkranken Vögeln eingesetzt werden kann.

Geeignet für

Großpapageien	Großsittiche + Kleinpapageien	Wellensittiche	Kanarienvögel	Prachtfinken	Waldvögel + Finkenvögel	Ziergeflügel
✓	✓	✓	✓	✓	✓	✓

Wasserlinse

Deutscher Name	**Wasserlinse**
Weitere deutscher Namen	**Entengrütze**
Wissenschaftlicher Name	***Lemna minor***
Blütezeit	**Mai bis Juni**
Fruchtreife	**Juli**

Die Wasserlinse ist keine Alge, sondern eine der kleinsten Blütenpflanze der Erde. Jedes dieser kleinen Pflänzchen besteht aus einer kleinen Wurzel, einem oder mehreren kleinen Blättchen und sehr kleinen Blüten. Die Blättchen enthalten luftgefüllte Hohlräume, die ihnen ermöglichen, auf der Wasseroberfläche zu schwimmen. Aus den unscheinbaren weiblichen Blüten entwickeln sich winzige Nussfrüchte, die den nur 1 mm großen Samen enthalten. Wenn er reif ist, wird er übers Wasser verbreitet.

Wasserlinsen gehören für viele Menschen zu den lästigen Wasserpflanzen, die seitliche Sprosse bilden und so rasch die Oberfläche nährstoffreicher Tümpel und Teiche vollständig bedecken können. Dadurch beeinflussen sie u.a. den Sauerstoffgehalt des Gewässers. Neuere Forschungen zeigen zudem, dass Wasserlinsen nicht nur das Wasser reinigen, sondern sogar als pflanzlicher Eiweißlieferant Soja ersetzen können. So oder so – für Vögel sind Wasserlinsen gutes frisches Grünfutter.

STANDORT	Wasserlinsen gedeihen im eher kühlen Wasser an einem hellen Platz
ANBAU	Wasserlinsen können Sie in einem wasserdichten Gefäß (Eimer, Schüssel etc.) kultivieren. Füllen Sie das Gefäß mit Wasser, am besten aus dem Gewässer, aus dem Sie dann auch die Wasserlinsen entnehmen – mit einem Sieb oder Netz herausholen. Sie können auch in einer Zoohandlung fragen, dort bekommen Sie sie evtl. auch. Stellen Sie das Gefäß mit den Wasserlinsen an ein Nord-, Ost- oder Westfenster – auf einer nach Süden ausgerichteten Fensterbank wird es ihnen zu warm.
PFLEGE	Wasserlinsen sind anspruchslos, sorgen Sie nur dafür, dass sie niemals trockenfallen
ERNTE	Die Wasserlinsen fischen Sie mit einem Kescher, Netz oder Sieb ab. Im Winter sinken sie auf den frostfreien Grund des Gewässers ab, wo sie den Winter überdauern. Im Frühjahr steigen sie wieder an die Wasseroberfläche
LAGERN UND AUFBEWAHREN	Wasserlinsen eignen sich nur für den frischen Verbrauch, sie können aber auch eingefroren werden.
SAMMELN IN DER NATUR	Von Tümpeln und Teichen können Sie die Wasserlinsen abfischen, evtl. müssen Sie allerdings den Besitzer um Erlaubnis fragen.

Tipp Wasserlinsen sind reich an Beta-Carotin (Vitamin A-Vorstufe) und können alternativ zur Vogelmiere oder Möhre in Eifutter eingearbeitet angeboten werden.

Geeignet für

Großpapageien	Großsittiche + Kleinpapageien	Wellensittiche	Kanarienvögel	Prachtfinken	Waldvögel + Finkenvögel	Ziergeflügel
	✓	✓	✓	✓	✓	✓

Wegerich

Deutscher Name	**Wegerich**
Weitere deutscher Namen	**Spitz-Wegerich / Breit-Wegerich**
Wissenschaftlicher Name	***Plantago lanceolata / Plantago major***
Blütezeit	**Mai bis September**
Fruchtreife	**Juni bis November**

Breit- und Spitz-Wegerich sind die häufigsten heimischen Wegericharten – und wie ihr deutscher Name schon hinweist, wachsen beide oft am Wegrand. Während der Spitz-Wegerich schmale lanzettliche Blätter in einer bodenständigen Rosette besitzt, sind die des Breit-Wegerichs breit. Typisch für Wegerichblätter sind die parallel längs verlaufenden Blattnerven. Über der Blattrosette erheben sich bis zu 40 cm hoch die blattlosen Blütenstängel mit den Ährenblüten an den Stängelenden: Beim Breit-Wegerich ist sie bis zu 20 cm lang, dünn mit unzähligen kleinen grünlichen Blütchen, beim Spitz-Wegerich ist die Blütenähre dicker, bis zu 4 cm lang mit herausstehenden weißen Staubblättern. Nach dem Verblühen bilden sich daraus Samen, die dicht an dicht einen Samenstand bilden. Sittiche und andere Vögel mögen gern die nussig schmeckenden jungen Blätter sowie die nährstoffreichen Samen, sowohl im unreifen grünen als auch im reifen Zustand. Da die Blätter beider Wegericharten Schleim- und Gerbstoffe enthalten, lindern sie leichten Durchfall.

STANDORT	Sonniger bis schattiger Platz auf nährstoffreichem, frischem bis feuchtem Boden
ANBAU	Von März bis August Saatgut an den vorgesehenen Stellen aussäen, Samen nicht mit Erde bedecken (Lichtkeimer)
PFLEGE	Anspruchslos und pflegeleicht
ERNTE	Ab April die jungen Blätter, ab Juni die halbreifen (grünen) oder reifen (bräunlichen) Samenstände
LAGERN UND AUFBEWAHREN	Die Blätter und Samenstände können portionsweise eingefroren werden, sodass Sie sie auch im Winter verfüttern können.
SAMMELN IN DER NATUR	Breit-Wegerich ist weit verbreitet auf Wegen, Plätzen, betretenen Rasenflächen, intensiv genutzten Weiden und in Pflasterfugen. Er kommt oft dort vor, wo offene Flächen stark betreten werden, denn seine Samen bleiben an Fuß- und Schuhsohlen haften und werden so verbreitet. Spitz-Wegerich gedeiht auf nährstoffreichen Wiesen, Weiden, Parkrasen, Ödflächen, Felder und an Wegen. Sammeln Sie Blätter und Samenstände dieser Wegeriche stets nur von „sauberen" Stellen und fern von Straßen.

Tipp Wegerich ist reich an Calcium und daher eine günstige Ergänzung zu üblichen Sämereimischungen (in der Regel calciumarm). Zudem enthalten die Wegerich-Blätter mehr schwefelhaltige Aminosäuren, welche für die Gefiederbildung erforderlich sind.

Geeignet für

Großpapageien	Großsittiche + Kleinpapageien	Wellensittiche	Kanarienvögel	Prachtfinken	Waldvögel + Finkenvögel	Ziergeflügel
✓	✓	✓	✓	✓	✓	✓

Wegwarte

Deutscher Name	**Wegwarte**
Weitere deutscher Namen	**Zichorie**
Wissenschaftlicher Name	***Cichorium intybus***
Blütezeit	**Juli bis Oktober**
Fruchtreife	**August bis Oktober**

Die Wegwarte wartet am Wegrand mit hellblauen Blüten so wie in einer Sage eine verzauberte Prinzessin mit blauen Äuglein auf ihren Liebsten. Die Wegwarte ist eine ausdauernde Wildpflanze, die bis zu 1,2 m hoch wird und sehr licht wächst. Die Blätter bilden am Boden eine flache Rosette, die steifen blattlosen Blütenstängel tragen die rund 5 cm großen, leuchtend blaue Blütenköpfe. Diese Körbchenblüten bestehen aus vielen Zungenblüten. Sie öffnen sich morgens nach Sonnenaufgang und schließen sich wieder zur Mittagszeit. Nach dem Verblühen entwickeln sich in jedem Blütchenkörbchen unzählige Achänenfrüchte, die sowohl unreif grün als auch in reifem Zustand gern von Finkenvögeln, Sittichen und anderen gefressen werden.

Die Blätter und Blüten enthalten neben vielen Vitaminen und Mineralstoffen auch reichlich Bitterstoffe – daher fördern sie die Verdauung und lindern Blähungen, werden aber nicht gern gefressen. Aus den fleischigen Wurzeln wird ein Kaffee-Ersatz geröstet (Zichorienkaffee, Muckefuck).

STANDORT	Sonniger bis halbschattiger Platz auf eher trockenem, offenem, lockerem, auch magerem Boden, verträgt auch salzhaltigen Boden
ANBAU	Von März bis August Saatgut direkt an vorgesehenen Stellen aussäen
PFLEGE	Anspruchslos und pflegeleicht
ERNTE	Von August bis zum ersten Frost ganze Pflanzen mit halbreifen oder reifen Fruchtständen
LAGERN UND AUFBEWAHREN	Die Fruchtstände können eingefroren werden
SAMMELN IN DER NATUR	Wegwarten sind weit verbreitet, sie wachsen an Weg- und Straßenrändern, auf Schutt- und Ödflächen und auf Bahndämmen. Sammeln Sie aber nur dort, wo die Pflanzen nicht mit Abgasen aus dem Straßenverkehr oder Pflanzenschutzmittel (Bahndämme!) kontaminiert sind.

Tipp Die Blätter der Wegwarte enthalten zahlreiche Bitterstoffe, die nicht nur die Verdauung fördern, sondern auch eine günstige Wirkung auf die Leber haben und daher zur Unterstützung der Behandlung bei Leberbeschwerden dienen.

Geeignet für

Großpapageien	Großsittiche + Kleinpapageien	Wellensittiche	Kanarienvögel	Prachtfinken	Waldvögel + Finkenvögel	Ziergeflügel
			✓	✓	✓	✓

Wiesen-Bocksbart

Deutscher Name	**Wiesen-Bocksbart**
Wissenschaftlicher Name	***Tragopogon pratensis***
Blütezeit	**Mai bis Juli**
Fruchtreife	**ab Juni**

Der Wiesen-Bocksbart ist eine zweijährige oder ausdauernde, weit verbreitete Wildpflanze, die bis zu 70 cm hoch wird. Die pfahlförmige Wurzel verankert die Pflanze tief im Boden. An den langen, verzweigten Stängeln sitzen stängelumfassend die schmalen Blätter an. Die bis zu 7 cm großen Blütenköpfe stehen einzeln an den Stängelenden. Sie bestehen aus vielen goldgelben Zungenblüten. Nach dem Verblühen entwickeln sich die Blütenköpfe zu löwenzahnähnlichen Fruchtständen, deren Achänenfrüchte einen bis zu 4 cm breiten, fallschirmartigen gestielten Haarkranz besitzen. Wie der Löwenzahn enthält

auch der Wiesen-Bocksbart einen Milchsaft. Seinen deutschen und botanischen Namen verdankt diese Pflanze dem geschlossenen Fruchtstand, der an den Bart eines Ziegenbocks erinnert.
Als Vogelfutter eignen sich nicht nur die Samen, sondern auch die Blätter, Blütenknospen und Blüten. Ernten Sie von Mai bis zum ersten Frost portionsweise die komplette Pflanze und bieten Sie sie tagesfrisch an.
Auch in der Küche ist der Wiesen-Bocksbart eine unterschätzte Wildpflanze mit spinatähnlich schmeckenden jungen Blättern, spargelähnlichen Stängeln, schwarzwurzelähnlichen Wurzeln und feinen Blüten.

STANDORT	Sonniger bis halbschattiger Platz auf eher trockenem, tiefgründigem, lockerem Boden
ANBAU	Von März bis in den September hinein direkt im Freien an den vorgesehenen Stellen aussäen
PFLEGE	Anspruchslos und pflegeleicht
ERNTE	Ab Mai Blätter und Blüten ernten, ab Juni die löwenzahnähnlichen Fruchtstände
LAGERN UND AUFBEWAHREN	Blätter, Blüten und Fruchtstände können portionsweise eingefroren werden.
SAMMELN IN DER NATUR	Der Wiesen-Bocksbart kommt auf Wiesen, in Halbtrockenrasengesellschaften, an Wegrändern und Bahndämmen vor. Er ist weit verbreitet und bildet gern kleinere Bestände. Sammeln Sie nur dort, wo die Pflanzen weder von Abgasen aus dem Straßenverkehr noch mit Pflanzenschutzmitteln (Bahndämme!) belastet sind.

Tipp Da die Blüten nur am Vormittag geöffnet sind, sollten Sie den Wiesen-Bocksbart vornehmlich morgens ernten und Ihren Vögeln anbieten.

Die Blätter sind protein- und calciumreich. Die enthaltenen Bitterstoffe wirken verdauungsfördernd.

Geeignet für

Großpapageien	Großsittiche + Kleinpapageien	Wellensittiche	Kanarienvögel	Prachtfinken	Waldvögel + Finkenvögel	Ziergeflügel
✓	✓	✓	✓	✓	✓	✓

Wiesen-Salbei

Deutscher Name	**Wiesen-Salbei**
Wissenschaftlicher Name	***Salvia pratensis***
Blütezeit	**Mai bis August**
Fruchtreife	**ab Juli**

Zur Blütezeit im Sommer fällt der ausdauernde Wiesen-Salbei durch die dunkel- bis violettblauen Blüten auf. Die vierkantigen, aufrechten Stängel erreichen Wuchshöhen von bis zu 60 cm. Sie tragen an ihrem Ende die bis zu 2,5 cm langen Blüten, die in bis zu 20 Quirlen rund um den Stängel stehen. Vor allem Hummeln und andere Wildbienen besuchen gern die Blüten. Nach dem Verblühen entwickeln sich daraus Fruchtstände, die aus je vier waagerechten Kelchen mit einem Samen bestehen.

Die Blätter bilden am Boden eine Blattrosette, weitere ein bis drei Blattpaare sitzen am Stängel. Die Blätter riechen beim Zerreiben aromatisch, aber wesentlich weniger intensiv als der Echte Salbei (Salvia officinalis). Dieser stammt aus dem Mittelmeerraum und wird in vielen verschiedenen Sorten für den Garten oder die Kultur in Pflanzgefäßen auf Balkon und Terrasse angeboten. Dieser verholzt auch im Lauf der Jahre, benötigt aber vor allem in raueren Lagen einen Frostschutz im Winter.

Tipp

Auch die jungen Blätter des Echten Salbeis können Sie Ihren Vögeln anbieten – allerdings nur in kleinen Mengen. Sie enthalten nämlich nicht nur Gerb- und Bitterstoffe, sondern auch ätherische Öle in einer wesentlich höheren Konzentration als der heimische Wiesen-Salbei. Die ätherischen Öle haben eine verdauungsfördernde Wirkung.

STANDORT	Möglichst sonniger Platz auf eher trockenem, gern kalkhaltigem Boden
ANBAU	Saatgut im Spätsommer oder Frühjahr direkt im Freien an Ort und Stelle aussäen
PFLEGE	Pflegeleicht und anspruchslos
ERNTE	Im Frühjahr junge Blätter
LAGERN UND AUFBEWAHREN	Die Blätter können eingefroren oder sanft getrocknet werden
SAMMELN IN DER NATUR	Auf Wiesen, am Weg- und Straßenrand, auf Böschungen und Dämmen bildet der Wiesen-Salbei gern kleinere Bestände. Sammeln Sie die jungen Blätter nur fern vom Straßenverkehr.

Geeignet für

Großpapageien	Großsittiche + Kleinpapageien	Wellensittiche	Kanarienvögel	Prachtfinken	Waldvögel + Finkenvögel	Ziergeflügel
✓	✓	✓	✓	✓	✓	✓

Nährwerttabelle

Vertiefend finden Sie in dieser Tabelle die Nährstoffe ausgewählter Pflanzen. Nicht alle in diesem Fachbuch vorgestellten Arten wurden in dieser Tiefe wissenschaftlich untersucht, aber wir freuen uns, Ihnen zum Abschluss für wichtige Vogelfutterpflanzen detaillierte Nährwertangaben zur Verfügung stellen zu können. Dies geschieht mit freundlicher Unterstützung der Universität Rostock, Agrar- und Umweltwissenschaftliche Fakultät, Bereich Ernährungsphysiologie und Tierernährung, an der die entsprechenden Forschungsarbeiten erfolgten.

Energie und Nährstoffgehalte (einschließlich wichtiger Mineralstoffe) in üblichen, ausgewählten Vogelfutterpflanzen sowie Pflanzen aus dem Lebensmittelbereich, die bei Vögeln eingesetzt werden

	TM	Rp	Rfe	Rfa	ME	Ca	P	Na
	%	g/kg Frischmasse			MJ/kg*	g/kg Frischmasse		
BLUMEN, GRÄSER & KRÄUTER								
Ampfer	120	32,0	3,6	12,4	1,0	0,60	0,50	0,08
Brennnessel	200	73,5	6,0	18,0	2,0	7,00	1,40	0,09
Brunnenkresse	175	51,0	2,5	18,0	0,8	1,60	5,60	0,15
Giersch	180	83,5	4,2	15,0	1,7	1,30	1,30	0,11
Huflattich	140	20,7	3,1	16,0	0,6	3,00	0,65	0,07
Löwenzahn	180	35,0	10,0	23,0	2,2	2,50	0,75	0,25
Malve	200	72,5	2,5	24,3	1,8	5,10	1,20	0,09
Melde	140	32,0	2,6	17,5	0,9	1,90	4,80	0,08
Schafgarbe	150	36,0	8,0	19,0	2,0	1,75	0,65	0,08
Vogelmiere	100	16,5	3,0	16,5	0,8	2,90	0,60	0,04
Wegerich	150	34,0	4,0	25,0	1,0	4,10	0,65	0,10
Wiesenknöterich	150	50,0	3,5	27,5	1,2	1,20	0,80	0,10
BÜSCHE & BÄUME								
Eberesche	280	15,0	6,0	70,0	3,3	0,40	0,30	0,03
Feuerdorn	170	17,0	8,0	69,0	1,1	0,50	0,35	0,03
Hagebutte	500	36,0	6,0	23,5	5,8	2,60	2,50	0,20
Holunder	150	22,0	7,6	43,0	3,1	0,45	0,50	0,05
Kornelkirsche	180	12,5	3,4	8,50	2,1	0,80	0,30	0,08
Sanddorn	175	14,0	7,0	20,0	3,7	0,45	0,85	0,05

TM = Trockenmasse (100 – Trockenmasse = Feuchtigkeit) 1 MJ = 1000 kJ 1 kcal = 4,1868 kJ

* Frischmasse oder ursprüngliche Substanz (d.h. Pflanze im natürlichen Zustand bei Ernte)

Rp = Rohprotein; Rfe = Rohfett; Rfa = Rohfaser; ME (Metabolizable Energy) = Umsetzbare Energie

Ca = Calcium, P = Phosphor, Na = Natrium

Giftige Pflanzen in Garten und Natur

Vögel, ja selbst verschiedene Säugetiere, haben aufgrund ihres speziellen Stoffwechsels eine unterschiedliche Verträglichkeit der Nahrung, so auch in Bezug auf Giftiges. Sie können nicht voraussetzen, dass das, was für Menschen bekömmlich ist, es auch für Vögel ist. Avocado zum Beispiel ist eine nahrhafte Frucht in der menschlichen Ernährung, für Vögel hingegen ist die Avocado hochgiftig.

Bevor Sie eine Pflanze Ihren Vögeln anbieten, sollten Sie sich gründlich informieren, ob diese auch unbedenklich ist. Zudem verfüttern Sie natürlich nur und ausschließlich unbedenkliche Pflanzen, Blätter, Blüten, Früchte und Samen, die Sie ganz genau kennen und erkennen.

Bitte beachten Sie
In diesem Kapitel sind verschiedene Giftpflanzen nur beispielhaft genannt. Die Auflistung und Nennung erhebt keinen Anspruch auf Vollständigkeit!

Adlerfarn (*Pteridium aquilinum*)
Bis zu 2 m hohes Farn mit mehrfach gefiederten, im Umriss dreieckigen Blättern, der in lichten Laub- und Nadelwäldern, auf Weiden und Lichtungen vorkommt. Die ganze Pflanze ist giftig, Jungpflanzen weisen die höchsten toxischen Werte auf. Sogar die Sporen sind giftig.

Adonisröschen (*Adonis vernalis*)
Bis zu 50 cm hohes Hahnenfußgewächs mit bis zu 8 cm großen gelben oder roten Blüten, dass in Kiefernwäldern, auf Hügeln, Trockenrasen, Heidewiesen und an Feldrändern vorkommt. Die ganze Pflanze ist giftig, vor allen Dingen die Blätter.

Azaleen & Rhododendron (*Rhododendron*)
Alle Rhododendron-Arten, auch Alpenrose (Almrausch) mit ihren hübschen Blüten in Rot- oder Gelbtönen in üppigen Traubendolden enthalten in Blättern oder der ganzen Pflanze giftige Substanzen, manche Arten wie die Pontische Alpenrose produzieren sogar giftigen Nektar. Wachsen in höheren Lagen der Alpen oder als Ziersträucher in Park und Garten.

Becherprimel (*Primula obconica*)
Diese beliebte Zimmerpflanze mit den weißen, rosa oder roten Blüten ist in allen Pflanzenteilen giftig. Auch andere Primeln sind toxikologisch ähnlich einzuschätzen.

Anemone (*Anemone*)
Das bekannte Buschwindröschen (*Anemone nemorosa*) sowie das Gelbe Windröschen (A. ranunculoides) gehört zu den zahlreichen Anemonen der Laub- und Mischwälder, Gebüschen und Wiesen, die in allen Pflanzenteilen giftig sind.

Eibe (*Taxus baccata*)

Die Europäische Eibe ist in allen Pflanzenteilen giftig mit Ausnahme der roten fleischigen Hülle der Beeren, die wie ein Mantel den dunklen Samen umhüllt. Eiben sind bei uns heimisch, sie kommen in Laubwäldern auf eher feuchtem Boden vor, werden aber auch oft wegen ihrer Schnittverträglichkeit als Ziergehölz in Parks und Gärten angepflanzt.

Eisenhut (*Aconitum*)

Der Blaue Eisenhut (*A. napellus*), der an Bachsäumen, in Hochstaudenfluren und Gebüschen im Gebirge auf feuchten Böden in eher schattigen Lagen vorkommt, ist eine der giftigsten Pflanzen Europas. Ähnlich giftig ist der Gelbe Eisenhut (*A. lycoctonum*) schattiger, feuchter Wälder. Die ganze Pflanze enthält giftige Alkaloide, vor allem der Wurzelstock und die Samen (!).

Blauer Eisenhut

Adonisröschen

Osterglocken

Immergrün (*Vinca*)
Diese kriechende immergrüne Pflanze mit den ledrigen Blättern und den blauvioletten, fünfzähligen Blüten kommt in Wäldern und auch als Zierpflanze in Gärten und Parks in zwei Arten vor: das Kleine Immergrün (*V. minor*) und das Große Immergrün (*V. major*). Kraut und Wurzeln enthalten giftige Substanzen.

Osterglocke (*Narcissus*)
Besonders die Zwiebel, aber auch die anderen Pflanzenteile der Osterglocken oder Narzissen sind giftig. Osterglocken wachsen natürlichweise auf feuchten Wiesen und in lichten Wäldern, angepflanzt findet man sie in Parks und Gärten. Auch die Zwiebeln anderer Narzissengewächse, wie etwa Schneeglöckchen oder Märzenbecher, sind toxikologisch ähnlich giftig.

Schwarze Nieswurz (*Helleborus niger*)
Diese auch als Christrose bekannte heimische Pflanze mit den weißen bis rötlichen Blüten im Dezember bis März, die natürlicherweise in Gebirgswäldern und Gebüschen vorkommt und in Parks und Gärten angepflanzt wird, ist in allen Pflanzenteilen aufgrund des Gehalts an verschiedenen Glykosiden giftig.

Wolfsmilchgewächse (*Euphorbia*)
Alle Arten dieser Pflanzengruppe führen in ihren Stängeln und Blättern einen giftigen, terpenhaltigen Milchsaft. Heimische Wolfsmilchgewächse mit den typischen kleinen Blüten, die von auffälligen Hochblättern umgeben sind und zu vielen in einem doldenartigen Blütenstand beisammen stehen, kommen bei uns häufig an Wegrändern, in lichten Wäldern und Heidegebieten vor.

Vergiftungen treten bei Ziervögeln nicht jeden Tag auf, was auf die überwiegend „kontrollierten" Haltungsbedingungen dieser Tiere zurückzuführen ist. Ein Blick in den Index veterinarius zeigt aber, dass es immer wieder Fallbeschreibungen über Pflanzenvergiftungen gibt. Im Folgenden wird eine Liste der Giftpflanzen für Ziervögel angefügt (ohne dass diese Anspruch auf Vollständigkeit erhebt). Bei Aufnahme dieser Pflanzen kann es zu verschiedensten Störungen kommen, die entweder die Leber, die Niere, den Verdauungstrakt usw. betreffen.

Giftpflanzen

Tabelle: Klinische Leitsymptome nach Aufnahme von Giftpflanzen durch Ziervögel

MAGEN-DARM-TRAKT		
Alpenveilchen (*Cyclamen persicum*)	Cyclamin (Triterpensaponin)	örtliche Reizwirkung, Durchfall
Amaryllis (*Amaryllis belladonna*)	Lycorin	Tympanie, Durchfall, (nach Resorption: Zittern, Krämpfe)
Birkenfeige (*Ficus spp.*)	Furocumarine, Flavonoide	Haut- und Schleimhautirritation, Krämpfe, Durchfall
Buchsbaum (*Buxus sempervirens*)	Buxin (Alkaloid)	Schluckbeschwerden
Brunfelsia (*Brunfelsia spp.*)	Alkaloide	Verdauungsstörungen
Efeu (*Hedera helix*)	α- und β-Hederin, Sesquiterpene	Lokale Schleimhautreizung, Krämpfe, Durchfall
Drachenbaum (*Dracaena spp.*)	Saponine	Verdauungsstörungen
Herbstzeitlose (*Colchicum autumnale*)	Colchicin	Verdauungsstörungen
Oleander (*Nerium oleander*)	Oleandrin, Neriosid	Schleimhautirritationen, Durchfall (blutig)
Rhododendron (*Rhododendron spp.*)	Andromedotoxin	Krämpfe, Verstopfung
Wolfsmilchgewächse (*Euphorbia spp.*)	Triterpensaponine, Diterpenester (Ingenole/Phorbolester)	Milchsaft wirkt lokal stark reizend, blutiger Durchfall, Krämpfe
Yucca (*Yucca spp.*)	Saponine	Speicheln, Krämpfe, Durchfall (z.T. blutig)

Blut/Blutgefäße		
Zwiebel/-lauch (*Allium cepa*)	S-Methyl-Cystein-Sulfoxid	Blutarmut, Platzen der roten Blut-körperchen

Herz-Kreislauf-System		
Maiglöckchen (*Convallaria majalis*)	Convallatoxin	Herzrhythmusstörungen, Herzstillstand
Avocado (*Persea americana*)	unbekannt, eine Toxin-Komponente ist Persin	Herzrhythmusstörungen, Herzstillstand (Verzehr von Avocadoblättern → Tod)
Mistel (*Viscum album*)	Viscotoxine, Viscumin (Lectine)	nach Resorption cardiale und zentralnervöse Störungen

Leber		
Palmfarn (*Cycas spp.*)	Cycasin, Methylazoxymethanol	Leberschädigung
Wandelröschen (*Lantana camara*)	Lantaden A und B (Triterpene)	Ikterus, Leberschädigung, fototoxische Reaktionen

Niere		
Wolfsmilchgewächse (*Euphorbia spp.*)	Triterpensaponine, Diterpenester	roter Harnanteil
Lilie (*Lilium spp.*)	Tuliposide	akutes Nierenversagen
Philodendron (*Philodendron spp.*)	Calciumoxalatkristalle, Oxalsäure	Schädigung der Niere durch Kristallbildung in den Tubuli

ZNS Zentrales Nervensystem		
Rhododendron (*Rhododendron spp.*)	Andromedotoxin	zentralnervöse Erregung, schlaffe Lähmung
Hanf (Cannabis sativa)	Cannabinol und THC (Tetrahydrocannabinol)	Krämpfe, Zittern
Flammendes Kätchen (*Kalanchoe spp.*)	Bufadienolide Cotyledontoxin	Depression, Dyspnoe, Schnabelknirschen und Inkoordination

Im Verdachtsfall ist dringend ein vogelkundiger Tierarzt aufzusuchen. Nehmen Sie bitte auch die Pflanze mit, die vom Vogel aufgenommen bzw. angeknabbert wurde.
Um für den Fall der Fälle zu Hause besser gerüstet zu sein, empfiehlt sich zudem die Vorbereitung mit dem Fachbuch „Notfallhilfe für Papageien und Sittiche“, Autorin Doris Dühr, 25.- € (Umfang 96 Seiten mit über 100 Abbildungen) erschienen im Arndt-Verlag e. K. und erhältlich unter www.arndt-verlag.de/shop oder bestellung@arndt-verlag.de.

Impressum

Dipl.-Biologin Bärbel Oftring
Prof. Dr. Petra Wolf

Vogelfutterpflanzen aus Natur und Garten

Titelfotos: Oliver Giel, außer Bild unten links (Distelfink) von Mauritius
Fotos der Autorinnen (Umschlag) von Hannah Bühler und Petra Wolf

1. Auflage (2019)
Arndt-Verlag e. K., Bretten
ISBN: 978-3-945440-33-9

Satz, Layout, Bildbearbeitung: Birgit Bautz-Schäfer
Bildredaktion: René Wüst
Sprachlektorat: Petra Wüst

Gedruckt in der EU

Bildnachweise

Seite	
2	mauritius images / Kurt Möbus / imageBROKER
3	mauritius images / Creativ Studio Heinemann / imageBROKER
4	mauritius images / Buiten-Beeld / Michel Geven
5	mauritius images / Maximilian Weinzierl / Alamy
6	mauritius images / Garden World Images / Sara Sorensen
7	mauritius images / studiodiezwei
9	mauritius
10 u. 11	mauritius
12	mauritius images / Zen Shui
14	mauritius images / Jochen Tack / imageBROKER
16	mauritius images / Justus de Cuveland / imageBROKER
18	mauritius images / Frank Sommariva / imageBROKER
20	mauritius images / Georg Stelzner / imageBROKER
22	mauritius
24	mauritius images / Robert McGouey / Alamy
26	mauritius images / Westend61 / Dieter Heinemann
28	mauritius images / William Leaman / Alamy
30	mauritius images / Günter Lenz / imageBROKER
32	mauritius images / foodcollection
34	mauritius images / Christian Hütter / imageBROKER
36	mauritius images / Dorling Kindersley ltd / Alamy
38	mauritius images / Rolf Müller / imageBROKER
40	mauritius images / Zoonar GmbH / Alamy
42	Diana Eberhardt
44	mauritius images / Frank Hecker / Alamy
46 u. 47	mauritius images / Geert Weggen / Alamy
48	mauritius images / John Glover / Alamy
50	mauritius images / nature picture library / Nick Upton
52	mauritius images / West Studios
54	mauritius images / Robin chittenden / Alamy
55	mauritius
57	mauritius images / Gisela Rentsch / imageBROKER
58	Diana Eberhardt
60	mauritius images / Marcus Webb/FLPA / imageBROKER
62	Horst Mayer
64	Horst Mayer
66 u. 67	Horst Mayer
68	mauritius images / Zoonar GmbH / Alamy
70	mauritius images / Reinhard Hölzl / imageBROKER
72	mauritius images / Universal Images Group North America LLC / DeAgostini / Alamy
74	mauritius images / Bernd Römmelt
76	mauritius images / Minden Pictures / Lesly van Loo/ NiS
78 re	mauritius images / Volker Dautzenberg
78 li	mauritius images / Westend61 / Kai Schwabe
80	mauritius images / Westend61 / Werner Dieterich
84	mauritius images / Westend61 / Dieter Heinemann
85	mauritius images / Johannes Hansen / Alamy
86	mauritius images / AR / imageBROKER
88	mauritius images / jkb-ne
90	mauritius images / Chromorange / Ernst Weingartner
91	mauritius images / Marcus Webb/FLPA / imageBROKER
92	mauritius images / Martina Elisabeth Tasch
93	mauritius images / BY

94	mauritius images / Chromorange / Ernst Weingartner
96	mauritius images / Busse & Yankushev /
98	mauritius images / Westend61 / Dieter Heinemann
100	mauritius images / Dorling Kindersley ltd / Alamy
102	mauritius images / Sirikorn Techatraibhop / Alamy
104	Horst Mayer
106	mauritius images / Bob Gibbons / Alamy
108	mauritius images / blickwinkel / Ingo Schulz
110	mauritius images / Bodo Schieren / imageBROKER
112	mauritius images / Rocha
113	mauritius
114	mauritius images / Nigel Cattlin / Alamy
116 oben	mauritius images / Creativ Studio Heinemann / imageBROKER
116 unten	mauritius images / Jean Schwarz
118	mauritius images / Tierfotoagentur / D. Vorbusch
120	mauritius
122	mauritius
123	mauritius images / Tschanz-Hofmann
124	mauritius images / McPHOTO / Rolf Mueller
126	mauritius images / Alfred Schauhuber / imageBROKER
127	mauritius images / Cheryl Fleishman / Alamy
129	Diana Eberhardt
131 oben	mauritius images / Hans Reinhard
131 unten	mauritius images / Karin Rollett-Vlcek / imageBROKER
132	mauritius images / BY
137	mauritius images / nature picture library / Markus Varesvuo
139	mauritius
144	mauritius

Register

Anbau 6
Antibakteriell 32, 48, 56, 81, 95
Aspergillose 81
Ätherische Öle 32, 52, 61, 69, 93, 113, 127
Aufzucht 53, 73, 75, 79, 91, 117, 121
Aussaat 6
Balkon 6
Beruhigung 50,93
Beschäftigungstipps 19, 21, 25, 41, 42, 45, 67
Calcium 56, 69, 73, 75, 83, 96, 115, 121
Darm 27, 32, 52, 68, 92, 111, 120, 123, 125
Desinfektion 32, 48, 56, 81, 95
Durchblutung 32
Eiweiß 55, 73, 91, 95, 117, 118, 125
Entzündung 32, 48, 56, 81, 95
Ernährung allgemein 8
Fettsäuren 35, 95
Fieber 38
Fütterung allgemein 8
Garten 6
Gefiederbildung 121
Gerbstoffe 27, 34, 52, 69, 120, 127
Giftige Pflanzen 130, 133
Golliwoog 102
Immunsystem stärken 17, 29, 44, 48, 52, 68, 90, 96
Jungvögel 53, 73, 75, 79, 91, 117, 121
Leber 123
Lungenfunktion 81
Magen-Darm 27, 32, 52, 68, 92, 111, 120, 123, 125
Mineralstoffe 55, 73, 75, 90, 93, 96, 115, 122
Nährwerte 130
Nieren 41, 56, 61, 117
Protein 55, 73, 91, 95, 117, 118, 125
Schimmel 56
Schlaf 50, 93
Schmerz 38, 85, 92
Sitzstange 21
Stress 50, 93
Tee 15, 56
Vergiftung 41, 43, 71, 130, 133
Vitamin A 34, 44, 52, 79, 90, 96, 119
Vitamin B 34, 44
Vitamin C 17, 29, 44, 48, 52, 68, 90, 96
Vogelspielzeug 19, 21, 25, 41, 42, 45
Volierenbegrünung 41
Winterkost 42, 52, 78, 85
Zucht 53, 73, 75, 79, 91, 117, 121

Für Ihre Notizen